天津内陆水域贝类

Mollusks of Inland Waters in Tianjin

———

宁鹏飞　谷德贤　丁煌英◎主编

中国农业出版社

北京

内容简介

　　本书记录了天津内陆水域各淡水及咸淡水环境中分布的贝类物种2纲11目（总科）19科42种和亚种，另附天津地区有历史分布的亚化石蚌类8种。文中对种和亚种的形态特征、模式产地、栖息环境和地理分布等作了简要描述，对各种和亚种的拉丁文学名和异名等进行了梳理和订正，并对近似物种进行了对比描述。每个物种均配有插图，部分物种配有细节图片。

　　本书可供水产及水生生物学相关专业科研人员、教学人员、广大青年学生、渔业工作者及博物爱好者等参考。

前言

Foreword

贝类，软体动物的统称，是自然界中最重要的动物类群之一。贝类以其强韧的适应能力和进化潜力，占据了地球表面最为广泛和多样化的生境类型，在海洋、淡水、咸淡水及陆地等各种环境中形成了丰富的物种和庞大的种群数量。

内陆水域中生存的贝类，以淡水贝类为主，并包括一些栖息于河口咸淡水环境的广盐性贝类及半水栖的陆生贝类，这些物种是内陆水体生态系统的重要组成部分。通常，在内陆水体环境中，一些贝类可作为水体污染等级的指示生物，广泛地应用于地表水污染程度的判定和防治工作。部分淡水蚌类是重要的育珠种类和纽扣加工原材料。很多常见的大型水生贝类是人类重要的食物来源之一，而一些小型的贝类可成为很好的饵料生物，具有一定的经济价值。内陆水域贝类在长期的演化过程中获得了广泛但相对孤立的栖息场所，造就了它们相对丰富的形态、生态和生物学特性。

天津地区地处华北平原东北部，位于燕山山脉以南，渤海湾以西，地域面积 1.194 6 万 km²，并具有 153 km 长的海岸线，是北方少见的集山地、平原、河流、湿地及海洋等多种环境于一身的城市。天津的内陆水域资源丰富，水体复杂多样，以海河水系为主体，发育有发达的河道网络，并拥有大量的水库、湿地等环境，为贝类提供了良好的栖身场所。然而，华北平原受农耕活动影响非常严重，其内陆水体生境趋于单一。同时，华北地区的水源变动也较大，无论是自然河道的变迁，还是人为的水利工程，都对该地区的水生贝类的组成存在一定的影响。

目前，国内水生贝类分类学的相关专著以海洋贝类为主，淡水贝类的系统资料相对较少，现今针对淡水贝类的分类学研究，主要以Heude、Simpson、Haas、阎敦建等人的研究为基础。新中国成立后，由张玺、刘月英等人整理出版了一些相对系统的文献。但针对天津地区内陆水域贝类的研究报道则极为稀少，尚缺乏系统性整理。

本书从分类学角度着手，对天津地区内陆水体中分布的淡水贝类及广盐性贝类等进行系统性的调查和整理，对调查所得所有物种进行鉴定、形态描述、拍照和绘图，对各个种类的拉丁文学名进行逐一订正，并进行异名的梳理归并。分类系统参考《中国动物志》、Molluscabase和MUSSELpdb等相关文献、专业网络数据库以及国内外最新的研究报道。不少贝类物种的分类地位变动频繁，而其中文名称在长期的使用过程中早已被大家广泛接受。因此，本书中为了尽量避免名称频变带来的混乱，中文名称以沿用为主，未做大幅度变动。

由于作者精力及水平的限制，书中不足之处在所难免，诚恳欢迎广大读者批评指正。

编　者

2023年2月

目录

C o n t e n t s

2 双壳纲 Bivalvia

目录

附录　天津地区历史分布淡水蚌类

1 腹足纲 Gastropoda

1.1 主扭舌目
Architaenioglossa

1.1.1 田螺科 Viviparidae

1.1.1.1 中华圆田螺 *Cipangopaludina cathayensis* (Heude, 1890)（图1；图版Ⅰ：a~g）

异名 *Paludina cathayensis*，*P. catayensis*，*Vivipara chinensis cathayensis*，*Cipangopaludina ventricosa cathayensis*

【模式标本产地】淮安府，黄河流域（江苏淮安）

【形态描述】贝壳大型。右旋。成体壳高约55mm，宽约35mm，壳质略薄而坚固。外形呈卵圆锥形，有6～7个螺层，均膨胀。体螺层膨圆。螺旋部宽圆锥形，壳顶尖锐。缝合线较深，显著。壳表绿褐色至深黄褐色，具细密角质壳毛，壳面光滑，生长纹细密。壳口大，呈梨形。成熟的唇口轻微增厚，色极深，壳口内白色，具瓷光泽，内唇稍厚于外唇，将脐孔遮盖呈缝状。厣角质，略薄，具多重同心生长纹，淡黄褐色，核部位于中央偏内侧，色略深于近周。缩入时，厣可完全封闭壳口。

动物体浅黄灰色至浅灰褐色，具细密的浅色斑点。触角中等长，眼位于触角基部外侧，隆起。雄性右触角粗壮，弯曲，特化形成交接器。吻中等长。足部较宽大。水管呈叶片状蜷曲，位于体右侧。

雌雄异体，异体受精。卵胎生。

图 1　中华圆田螺 *Cipangopaludina cathayensis* (Heude, 1890)

【生态与分布】本种栖息于江河、湖泊、水库、池塘及湿地等环境。

国内广布于东北、华北、华中、华东及华南等地。天津地区分布广泛，常见于海河、潮白新河、永定新河、于桥水库及其相通水体。国外尚未见报道。

【濒危等级与保护现状】无危。

1.1.1.2　方形环棱螺 *Sinotaia quadrata quadrata* (Benson, 1842)（图2）

异名 *Paludina quadrata*，*Viviparus quadrata quadrata*，*Bellamya quadrata*

【模式标本产地】浙江舟山

【形态描述】贝壳中等大小。右旋。成体壳高约28mm，壳宽约15mm。壳质坚厚或中等厚，外形呈塔状。螺层6～7个。壳顶稍尖锐，但常腐蚀。体螺层不甚膨胀。螺旋部高，呈塔状或长圆锥状，其高度约占全部壳高的2/3，从体螺层向上3个螺层匀速增长，不甚膨胀。缝合线显著，其下方通常无明显肩部，但有些个体在肩部形成阶梯状夹角。壳表呈淡灰绿色、绿褐色或茶褐色，具若干细密排列的刚毛状角质壳毛，体螺层具1～5条螺棱，以2～3条为最多见，生长纹细密。壳口梨形，外唇简单，成熟唇口具轻微增厚的黑色壳皮，口内白色，具瓷光。脐孔封闭或呈狭缝状。厣多为红褐色和暗红色，有些个体呈角黄色。

动物体呈浅黄灰色。头、触角、吻及足前缘稍深，体表具细密的浅黄色

图2　方形环棱螺 *Sinotaia quadrata quadrata* (Benson, 1842)

斑点。触角细，中等长。眼位于触角基部外侧。雄性右触角粗大，弯曲，形成交接器。吻窄，略短。足部较宽大，简单。排水管为叶片状蜷曲形成的短管，位于体右侧。

雌雄异体，异体受精。卵胎生。

【生态与分布】本亚种栖息于河流、溪流、湖泊、湿地、水库、池塘、稻田及沟渠等的浅水区域。水深1.5m以内数量较大，水深超过2.5m时数量显著减少。底质多为泥底、砾石底或覆盖腐殖质及水草丛生的底质。雌螺每次可怀卵及仔螺共计40余枚，多者可达60余枚。

本亚种广泛分布于我国华北、华东、华中、华南、西南及新疆、台湾等地。天津地区见于各主要水体。国外见于朝鲜半岛及日本。

【濒危等级与保护现状】无危。

1.1.1.3　梨形环棱螺 *Sinotaia quadrata purificata* (Heude, 1890)（图3；图版Ⅱ：a~d）

异名 *Paludina purificata*，*Bellamya purificata*

【模式标本产地】湘江，湖南南部

【形态描述】贝壳中等大小。右旋。成体壳高可达35mm，壳宽约22mm。壳质较前种略薄而坚固。外形略呈梨形。螺层约7个。壳顶略尖。体螺层膨胀。螺旋部宽圆锥形，各螺层较膨胀。缝合线略深。壳表淡灰绿色或暗红褐色，具细密排列的刚毛状角质壳毛，缝合线下方常具一浅栗色色带。

图3　梨形环棱螺 *Sinotaia quadrata purificata* (Heude, 1890)

体螺层常具3条弱的螺棱。壳口梨形。外唇简单，成熟壳口外唇边缘色深，口内白色，具瓷光。脐孔半封闭或呈狭缝状。厣多为黄褐色、角黄色，偶有个体为红褐色或橙褐色。

动物体形态同方形环棱螺。

【生态与分布】本亚种生境及生活史同方形环棱螺。

本亚种广泛分布于我国北部、华北、华东、华中及华南等地。天津地区主要分布于潮白新河，此外，在于桥水库等地也有少量分布。国外尚未见报道。

【濒危等级与保护现状】无危。

1.1.1.4　铜锈环棱螺 *Sinotaia quadrata aeruginosa* (Reeve, 1863)（图4；图版Ⅱ：e）

异名 *Paludina aeruginosa*，*Viviparus quadratus qeruginosus*，*Vivipara quadrata* var. *aeruginosa*，*Bellamya aeruginosa*

【模式标本产地】中国

【形态描述】贝壳中等大小。右旋。成体壳高在25～29mm，通常不超过30mm，壳宽16～18mm。壳质坚厚。外形略呈梨形或塔状。螺层常有6个。体螺层稍膨胀。螺旋部略细，各螺层几乎不膨胀。壳顶钝，常被腐蚀。缝合线浅而显著。壳表多呈淡灰绿色，偶见有淡红褐色个体，壳顶附近色较浅。体螺层具3～4条弱的光滑螺棱，最下方一条较显著。螺棱上常具致密排列的

图4　铜锈环棱螺 *Sinotaia quadrata aeruginosa* (Reeve, 1863)

刚毛状壳毛。壳口梨形。外唇简单，成熟壳口外唇边缘色深，口内白色，具瓷光。脐孔常封闭，极少呈狭缝状。靥暗红色。

动物体形态同方形环棱螺。

【生态与分布】本亚种生境类型及生活史同方形环棱螺。

本亚种广泛分布于我国北部、华北、华东、华中及华南等地。天津地区分布广泛，尤其在海河干流及其相通的主要河道分布较集中，数量巨大。国外尚未见报道。

【濒危等级与保护现状】无危。

1.1.1.5 讨论

方形环棱螺、铜锈环棱螺和梨形环棱螺曾被归入环棱螺属 *Bellamya* Jousseaume，1886。分子证据显示，东亚地区分布的应为石田螺属 *Sinotaia* Haas，1939，该属为分布于非洲的环棱螺属 *Bellamya* 在中新世向亚洲迁徙并最终分化形成的一个分支（Sengupta et al.，2009）。但由于上述三个亚种的中文名称广为接受，因此沿用。

三个亚种在天津多地呈现同域分布，但不同亚种的分布区域略有差异。方形环棱螺指名亚种分布相对广泛，在各大水体均可见。铜锈环棱螺在海河中下游干流分布相对集中，同时，海河干流亦存在指名亚种和铜锈亚种间一系列过渡形态。梨形亚种在潮白新河有相对独立且稳定的种群分布，其外形特征相对稳定，与其他水域的个体在壳形上存在较显著的稳定的差异。在部分地区，如于桥水库，一直存在以平衡水生态群落为目的的人为增殖放流活动，但由于放流个体的来源不明确，其遗传性状与外形存在多样性，对水体中的原生种群的种质形成显著的遗传干扰。建议在一直保持自然分布的区域，如潮白新河，不要进行人为的增殖放流活动，避免对该区域的种群遗传特性产生人为干扰，以保护该区域的种质资源。

此外，在于桥水库中，作者采获形态较为特殊的个体，现做描述如下：

石田螺未定种 *Sinotaia* sp.（图5）

贝壳中等大小。右旋。略呈卵圆形。壳高约22mm，宽约16.5mm。壳质中等厚，坚固。螺层约5个，体螺层膨圆，可占整个壳高的2/3。螺旋部短，壳顶圆钝，缝合线较浅。壳面呈绿褐色至黄绿褐色，缝合线下方、体螺层中部及下部，共具3条栗色色带，中间和下方的2条色带不显著。脐孔狭缝状。厣深褐色。

这个类型大个体兼具东北田螺 *Viviparus chui*（Hsü，1935）和梨形环棱螺二者的特征。目前仅见于于桥水库，数量极少。疑为增殖放流过程中引入的杂交个体，而并非原生个体。对该类型个体的分类地位暂不做进一步讨论。

图5　石田螺未定种 *Sinotaia* sp.

1.2 蟹守螺总科
Cerithimorpha

1.2.1 短沟蜷科 Semisulcospiridae

1.2.1.1 方格短沟蜷 Semisulcospira ningpoensis (Lea, 1857)（图6；图版Ⅱ：f~g）

异名 *Melania ningpoensis*，*M. cancellata*，*M. fortunei*，*M. suifuensis*，*Semisulcospira cancellata*，*Namrutua ningpoensis*

【**模式标本产地**】浙江

【**形态描述**】贝壳中型。右旋。成体壳高约28mm，宽约8mm。壳质坚固。外形呈尖锥形。有12个螺层，缓慢匀速增长。体螺层不膨胀。螺旋部细圆锥状，各螺层轻微外凸。壳顶尖。缝合线显著。贝壳呈黄褐色或黄绿褐色，壳面具较粗的纵肋，体螺层底部至轴部具2条螺旋肋，螺层的纵肋结束于靠上一条的螺旋肋上，纵肋与螺旋肋连接呈方格状壳饰，二者相交处亦形成微小的瘤状结节，有些个体在螺旋肋处具2条不显著的栗色色带。壳口略呈梨形，锐利，前端具一不显著的排水沟。无脐孔。厣为浅黄色角质薄片，梨形，略小于壳口，具螺旋形生长轨迹，核部位于中央内侧下方。

【**生态与分布**】本种栖息于湖泊、河流、沟渠及池塘等各种水流较缓、水

图6　方格短沟蜷 *Semisulcospira ningpoensis* (Lea, 1857)

质较为清澈以及水草丰茂的环境，底质为泥底、泥沙底或沙底。

　　本种广泛分布于我国东北、华北、华东、华中、华南及西南地区。天津地区主要见于海河及其相通的河道内，此外，在于桥水库等地可见其大量空壳及亚化石。国外见于俄罗斯。

　　【濒危等级与保护现状】无危。

1.3 滨螺目
Littorinimorpha

1.3.1 豆螺科 Bithyniidae

1.3.1.1 纹沼螺 *Parafossarulus striatulus* (Benson, 1842)（图7；图版Ⅲ：a~g）

异名 *Paludina（Bithynia）striatula*，*Bithynia striatulus*

【模式标本产地】浙江舟山

【形态描述】贝壳小型。右旋。成体壳高约9mm，宽约6mm，大者壳高可达15mm。壳质厚而坚固。贝壳略呈宽卵圆或卵圆锥形。螺层5～6个，各螺层缓慢均匀增长，壳面稍外凸。螺旋部中等高，宽圆锥形，壳顶略尖，但常有腐蚀。缝合线较浅而明显。壳表呈淡灰绿色、淡灰黄色或淡灰色，具或强或弱的螺棱，有些个体光滑无螺棱。壳口卵圆形，周缘完整且增厚，后缘具一夹角。厣石灰质，厚，与壳口等大，不能缩入壳口内，核位于中央偏内侧下方，少旋，周缘具同心生长纹。无脐孔。

动物体浅黄灰色，头部、吻、触角及足部背侧密布浅黄色小斑点。触角尖细，眼位于触角基部外侧。足部不宽大，前端截形，后端弧形。外套膜色浅，具无规则灰黑色斑块。雌雄异体，体内受精，卵生。

【生态与分布】本种广泛栖息于河流、湖泊、溪流、池塘、湿地、沼泽及

图 7　纹沼螺 *Parafossarulus striatulus* (Benson, 1842)

水田等水体内。常附着或爬行于水草丰茂的静水或缓流水底。在水底淤泥中越冬。雄性个体多栖息于水体上层或水草间，雌性个体喜潜伏于水底淤泥中。天津地区5月可见其产卵，卵径约1mm，双排并行排列于卵袋内，形状因互相挤压而不甚规则。卵袋为淡黄褐色的透明胶质物，呈较窄的带状，贴覆于水草、贝壳及或砾石等柔韧或硬质表面。每个卵袋中含10余粒卵，多者可达30余粒。水温超过20℃，幼螺已可孵化，孵化速率随温度升高而加快。

本种广泛分布于我国东北、华北、华东、华南、西南及台湾等地区。天津地区各河流、水库、湿地和稻田等环境均可见。国外见于俄罗斯、日本、朝鲜及越南等地。

【濒危等级与保护现状】无危。

1.3.1.2　大沼螺 *Parafossarulus eximius* (Frauenfeld, 1864)（图8；图版Ⅳ：a~g）

异名 *Vivipara eximia*

【模式标本产地】中国北方

【形态描述】贝壳在本科中为大型。右旋。成体壳高可达17mm，宽可超过10mm。壳质坚厚。贝壳外形呈卵圆锥形。螺层5个，壳面稍外凸。螺旋部中等高，宽圆锥形，壳顶钝，常腐蚀。体螺层膨大。缝合线较深。壳面常为黄褐色或绿褐色，有些个体螺层上具宽的暗褐色晕带。壳表具数量不等的螺旋

图 8　大沼螺 *Parafossarulus eximius* (Frauenfeld, 1864)

肋，螺旋肋的数量及位置存在个体差异，通常在螺层侧缘分布有3～4条强肋（多为4条），而分布于螺层近轴位置的肋则较弱或不显，也有些个体通体较为光滑。壳口卵圆形，周缘完整且增厚，后缘具一夹角。靥石灰质，厚，与壳口等大，核位于中央靠下方，少旋，周缘具同心生长纹。脐部封闭。

动物体浅灰色，解剖镜下可见周身密布细密的浅色斑点。斑点在体背侧前部、头部及外套膜边缘分布尤为密集，在足侧、后缘分布相对稀疏，而在体背侧的后部则无斑点分布。触角略细长，末端钝，眼位于触角基部外侧。足部较宽短，前端截形，后端弧形。外套膜无灰黑色斑块。雌雄异体，卵生。

【生态与分布】本种栖息于河流、湖泊及湿地等水域。

本种广泛分布于我国华北、华东、华南、华中及西南等地区。天津地区常见于海河水系的河流内以及于桥水库等地。国外分布于朝鲜半岛。

【濒危等级与保护现状】无危。

1.3.1.3 长角涵螺 *Gabbia longicornis* (Benson, 1842)（图9；图版Ⅴ：a~c）

异名 *Paludina longicornis*，*Alocinma longicornis*，*Bithynia longicornis*，*B. shuttleworthi*，*B. tonkiniana*，*Parafossarulus longicornis*，*Stenothyra tonkiniana*

【模式标本产地】浙江舟山

【形态描述】贝壳小型。右旋。成体壳高约8mm，宽约6mm。壳质稍薄而坚固，略透明。外形呈椭球形。有3.5～4个螺层，壳面外凸，壳顶钝。螺

图9 长角涵螺 *Gabbia longicornis* (Benson, 1842)

旋部宽而低矮，体螺层膨大，其高度占据整体壳高的绝大部分。缝合线浅而显著。壳面呈浅灰色，光滑，具细弱的生长纹，少数个体壳面具弱的螺棱。壳口近圆形，周缘完整，外唇稍薄，内唇显著增厚。厣石灰质，少旋，核位于中央偏下侧，周缘具同心生长纹，与壳口等大，可紧密封闭壳口。脐孔无或呈狭缝状。胚壳低矮，约1个螺层，平缓，不显著凸起。

动物体浅灰色，具细密淡黄色斑点，外套膜具稀疏深色斑纹。雌雄异体。卵生。

【生态与分布】长角涵螺广泛栖息于河流、小溪、沟渠、稻田、池塘、湖泊及湿地内。

国内从华北至西南的广大地区均有分布记录。天津地区常见于各水体中。国外见于越南。

【濒危等级与保护现状】无危。

讨论：本种现归入 *Gabbia* Tryon，1865属，但中文名"长角涵螺"已被广泛接受，因此未做修订。

1.3.1.4　赤豆螺 *Gabbia fuchsiana* (von Moëllendorff, 1888)（图10；图版Ⅴ：d~e）

异名 *Bithynia fuchsiana*，*Bulimus fuchsiana*

【模式标本产地】湖南

【形态描述】贝壳小型。右旋。成体壳高约10mm，宽约7mm。壳质较薄而坚固，略透明。外形呈梨形。有5个螺层，均膨胀，各螺层均匀增长。壳顶钝，偶有腐蚀。螺旋部较短，略等于或大于全部壳高的一半。体螺层膨大，缝合线中等深。壳面淡褐色至灰白色，具细弱的螺旋肋，生长纹细弱，与螺旋肋交错呈网格状。成熟个体壳口略小，卵圆形，周缘完整，内外唇无显著增厚。脐孔呈狭缝状。厣为石灰质薄片，与壳口等大，可紧密封闭壳口。胚壳钝，略突出，光滑。

动物体呈淡灰色，在足与触角上具橘红色的斑点。外套膜黑色，具透明的乳白色小斑点。雌雄异体。卵生。

【生态与分布】赤豆螺栖息于河流、小溪、沟渠、稻田、池塘及湖泊内。

图 10　赤豆螺 *Gabbia fuchsiana* (von Moëllendorff, 1888)

　　国内从华北至西南的广大地区以及台湾岛均有分布记录。天津地区主要见于独流减河与大黄堡湿地等地；此外，天津多地可见其亚化石分布。国外见于日本。

【濒危等级与保护现状】无危。

　　讨论：本种的外形与纹沼螺近似，不同点在于本种较纹沼螺体型略小，壳质也更薄，壳口成熟时，纹沼螺壳口具显著增厚，而本种壳口并无显著增厚。此外，本种的成熟个体，在体螺层到壳口处，会稍微变窄，而纹沼螺的体螺层较宽大，不具备此特征。

　　本种现归入 *Gabbia* Tryon, 1865 属，但中文名"赤豆螺"已被广泛接受，因此不做修订。

1.3.1.5　檞豆螺 *Gabbia misella* (Gredler, 1884)（图 11；图版 V：f）

异名 *Bulimus misellus*，*Bithynia misella*

【模式标本产地】湖南衡州府（今湖南衡阳地区）

【形态描述】贝壳小型。右旋。成体壳高约 7 mm，宽约 4 mm。壳质较薄而坚固，略透明。外形呈长圆锥形。螺层约 5 个，各螺层膨胀，缝合线较深。壳面光滑，灰白色，生长纹细密。壳口卵圆形，周缘完整，外唇薄，不外扩。脐孔狭缝状。厣为石灰质薄片。

图 11　椭豆螺 *Gabbia misella* (Gredler, 1884)

【生态与分布】本种栖息于河流、沟渠、池塘及稻田等多种环境中。

　　本种分布于我国北方及西北大部地区，华北、华东、华中及华南也有分布。天津主要见于独流减河。国外尚未见报道，应为我国特有物种。

【濒危等级与保护现状】无危。

　　讨论：本种现归入 *Gabbia* Tryon，1865 属，但中文名"椭豆螺"已被广泛接受，因此不做修订。

1.3.2　狭口螺科 Stenothyridae

1.3.2.1　光滑狭口螺 *Stenothyra glabra* A. Adams, 1861（图 12；图版 Ⅵ：a~b）

异名 —

【模式标本产地】河北白河口（Mündung des Pei-ho）

【形态描述】贝壳微小。右旋。壳高约 4mm，宽约 2mm。壳质坚实，略透明，外形呈蛹状，中央粗大而两端略细。螺层约 5 个，皆外凸，体螺层粗大，螺旋部低矮，壳顶稍钝。缝合线显著。壳面浅黄色或灰白色，常具细密的刻点状壳饰，壳饰呈线状平行排列，与缝合线平行。该线纹数量随个体变化较大，多者可达 16 条，有些个体部分线纹消失。壳口窄小，近圆形，周缘完整，无显著增厚但不锋利。厣角质，薄，淡黄褐色，边缘稍大于壳口，核位于中央

图 12　光滑狭口螺 *Stenothyra glabra* A. Adams, 1861

靠近内侧。无脐孔。

【生态与分布】本种栖息环境极为广泛，淡水、半咸水及海水中均可生存。通常栖息于河流、湖泊、湿地、水库、稻田、河口及近海水域。

本种分布于我国东部沿海、华中、台湾等地及渤海、黄海和东海近海。天津地区见于各大河流、水库、湿地、河口及近海水域。国外见于琉球群岛和朝鲜半岛。

【濒危等级与保护现状】无危。

讨论：在海水和淡水环境中栖息的本种种群，在形态上存在一定的差异。例如，淡水中的个体，体型较海水中个体略大，螺旋部较为高凸，而海水中的个体螺旋部稍微低矮一些；淡水中的个体，壳面通常有密集的清晰线状壳饰平行排布，而海水中的个体壳表更光滑，线状壳饰略稀疏而不太显著；海水个体的体螺层的腹背两侧较为扁平，这个特征在淡水个体中不显著。这些特征与狭口螺属另一物种台湾狭口螺 *Stenothyra formosana* Pilsbry *et* Hirase，1904更为接近，通过比对台湾狭口螺模式标本（标本号 ANSP 86485）及原始描述（Adams，1861；Pilsbry and Hirase，1904）认为，天津地区的光滑狭口螺可能只分布在内陆的淡水水体中，而分布于近海的个体极有可能是台湾狭口螺。

1.3.3 拟沼螺科 Assimineidae

1.3.3.1 琵琶拟沼螺 *Assiminea lutea* A. Adams, 1861（图13；图版Ⅵ：c~d）

异名 —

【**模式标本产地**】河北白河口

【**形态描述**】贝壳小型。右旋。成体壳高约6mm，宽约3.5mm。壳质坚，略透明。外形略呈卵圆锥形。约有6个螺层，缓慢匀速增长。体螺层膨胀。螺旋部圆锥状，各螺层稍外凸。壳顶尖。缝合线显著。壳面光滑，呈橙褐色或土黄色，个别个体体螺层具2～3条浅褐色色带，生长纹细密。壳口梨形，简单，周缘完整，锐利。外唇薄，内唇稍厚。脐孔遮蔽。厣为浅黄色角质薄片，与壳口同形，少旋，核部位于中央内侧下方。

【**生态与分布**】本种栖息于入海的江河河口或有淡水注入的高潮区泥及泥沙滩上。

本种分布于我国黄渤海沿岸、珠江口及台湾等地。天津地区见于海河口附近及三河岛；此外，在天津地区中部各海退形成的盐碱滩涂中，多见其亚化石分布。国外见于俄罗斯、日本及朝鲜半岛。

【**濒危等级与保护现状**】无危。

图 13　琵琶拟沼螺 *Assiminea lutea* A. Adams, 1861

1.3.3.2 绯拟沼螺 *Assiminea latericea* H. Adams *et* A. Adams, 1863（图14；图版Ⅵ：e）

异名 *Assiminea haematina*，*A. flammea*

【**模式标本产地**】河北白河口

【**形态描述**】贝壳小型，但在本类群中为最大者。右旋。成体壳高约9mm，宽约5mm，大者壳高可超过10mm。壳质坚固。外形略呈卵圆锥形。有7个螺层，匀速增长。体螺层膨大。螺旋部圆锥状，各螺层不外凸。壳顶尖。缝合线浅。贝壳呈绯红色，壳面较光滑，具细密生长纹，缝合线下方具一浅色的色带，色带内具1条细弱的螺旋肋，与缝合线平行。壳口梨形，简单，周缘完整，锐利。内侧上部贴覆于体螺层上，轴部较厚，外折遮盖脐孔，脐孔狭缝状，浅。厣为浅黄色角质薄片，与壳口同形，少旋，核部位于中央内侧下方。

【**生态与分布**】本种栖息于有海水注入的河流等微咸水或半咸水环境。

国内见于辽宁、河北、天津及上海等地。天津地区见于海河入海口附近；此外，在天津地区中部各海退形成的盐碱滩涂中，多见其亚化石分布。国外见于日本及朝鲜半岛。

【**濒危等级与保护现状**】无危。

图14 绯拟沼螺 *Assiminea latericea* H. Adams *et* A. Adams, 1863

1.3.4 　金环螺科 Iravadiidae

1.3.4.1 　锯齿小菜籽螺 *Nozeba ziczac* (Fukuda *et* Ekawa, 1997)（图 15；图版Ⅵ：f~h）

异名 *Elachisina ziczac*

【模式标本产地】日本

【形态描述】贝壳微小。右旋。壳质薄而坚固，不透明或略透明。贝壳略呈长卵形或柱形。壳高约4mm，宽约2mm。螺层5～6个，各螺层外凸。螺旋部胖圆锥形，壳顶钝。缝合线略浅而显著。壳面平滑，密布螺旋细纹，外被淡黄色壳皮。壳口近卵形，外唇简单，完整，无外扩，成熟个体壳口稍厚。脐孔狭缝状。厣为浅黄色角质薄片。

动物体浅灰色。吻宽，色深。触角线状，末端钝。眼位于触角基部外侧。腹足前端呈刀切状，两侧具角。

雌雄异体，异体受精。

【生态与分布】本种栖息于有淡水注入的近海潮间带至浅水区域，也见于靠近河口的河道内的微咸水或半咸水环境。底质为细沙至泥沙底。

国内主要分布于渤海湾、山东及台湾等地。天津地区多见于独流减河及海河下游河道。国外见于日本及朝鲜半岛。

图 15　锯齿小菜籽螺 *Nozeba ziczac* (Fukuda *et* Ekawa, 1997)

本种在天津地区为首次报道。

【濒危等级与保护现状】 无危。

讨论：本种原属小菜籽螺科Elachisinidae Ponder，1985的小菜籽螺属 *Elachisina* Dall，1918，新系统将其归入金环螺科Iravadiidae Thiele，1928的 *Nozeba* Iredale，1915属，本书采用新的分类系统，但中文名不做修订。

1.4.1　盘螺科 Valvatidae

1.4.1.1　鱼盘螺 *Valvata piscinalis* (Müller, 1774)（图16）

异名 *Nerita piscinalis*，*Cincinna*（*C.*）*piscinalis*，*Turbo fontinalis*

【模式标本产地】丹麦哥本哈根弗雷德里克之谷的花园水池

【形态描述】贝壳小型。右旋。壳高4.46mm，宽5.78mm。壳质薄，略透明。外形呈低矮的圆锥形。具4个螺层，膨圆，各螺层均匀增长。壳顶钝。螺旋部低矮。缝合线深。壳面淡灰白色而略带黄绿色，具细致而稠密的纵肋状生长纹。壳口近圆形，略向下倾斜，周缘完整，无增厚。脐孔小而深。厣角质。胚壳低矮，约1个螺层。

动物体污黄色。触角长，眼大，位于触角基部内侧。鳃位于头部右侧。雌雄同体。

图 16　鱼盘螺 *Valvata piscinalis* (Müller, 1774)

【**生态与分布**】栖息于静水或缓流水体的泥底环境。

国内分布于黑龙江、吉林、天津及西藏等地。天津地区目前仅知分布于宁河区七里海湿地近周河道内，罕见。国外广泛分布于欧亚大陆古北区域，并人为引入北美地区的部分湖泊中。

本种在天津地区为首次报道。

【**濒危等级与保护现状**】无危。

讨论：盘螺类原归属于腹足纲前鳃亚纲Prosobranchia中腹足目Mesogastropoda，而新的分类系统将其归入异鳃亚纲Heterobranchia异鳃下纲Lower Heterobranchia异腹足目Allogastropoda中。此处采用新的分类系统。

1.5 潮螺目 Hygrophila

1.5.1 扁蜷螺科 Planorbidae

1.5.1.1 锈楯螺未定种 *Ferrissia* sp.（图17）

【异名】不详

【模式标本产地】 不详

【形态描述】 贝壳微小。蜮形贝类。壳长2.50mm，壳宽1.46mm，壳高0.86mm。壳质薄，易碎，外形呈长盾状。贝壳左右两侧接近平行，但前端微宽于后端。壳顶低矮、平滑，位于贝壳后部偏右侧，常腐蚀。壳面具弱的同心生长纹及极细弱的放射纹。壳口长卵形。无厣。

【生态与分布】 本种栖息于水库等水流较缓且水草丰茂的浅水区域。体型微小而不易被发觉。

本种分布区域尚不明确，目前仅见于天津的于桥水库。为天津地区的首次记录。

【濒危等级与保护现状】 数据缺乏。

讨论：锈楯螺属原属于楯螺科Ancylidae Rafinesque，1815，新的分类系统将楯螺科作为扁蜷螺科Planorbidae Rafinesque，1815楯螺亚科Ancylinae Rafinesque，1815处理，此处采用新的分类系统。

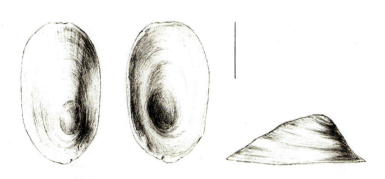

图17 锈楯螺未定种 *Ferrissia* sp. (标尺：1mm)

1.5.1.2 尖口圆扁螺 *Hippeutis cantori* (Benson, 1850)（图18；图版Ⅶ：a~b）

异名 *Planorbis cantori*，*Pyramidula*（*Patula*）*peipineusis*，*Hippeutis umbilicalis*，*H. distinctus*，*Pingiella peipineusis*

【模式标本产地】印度西孟加拉邦

【形态描述】贝壳在扁蜷螺类中属于中等大小。右旋。直径约10mm，壳高约2mm。壳质薄，略透明，呈扁圆盘状。有5个螺层，螺层增长迅速，水平盘卷，背侧略膨胀，腹侧平坦，壳顶轻微凹入。体螺层膨大，向上覆盖次体螺层的大部分，螺层周缘具一强烈而尖锐的龙骨。缝合线浅。贝壳灰白色而透明，壳皮黄褐色，有些个体颜色较深。壳表光滑，生长纹极细密。壳口极扁，外唇由龙骨而强烈对折，从底部观察壳口略呈半圆形。脐孔浅而宽大。

动物体色深，头部和足部深灰色或近黑色。触角细长呈丝状，眼位于触角基部内侧。足较狭长，前端钝，后端稍尖。

雌雄同体，异体受精，卵生。

图18 尖口圆扁螺 *Hippeutis cantori* (Benson, 1850)

【生态与分布】本种常栖息于水库、湿地、池塘、沟渠及水稻田等水流较缓且水草丰茂的浅水环境。常大量附着于水生植物的根茎上。

本种广泛分布于我国华北、华东、东南、华南及西南等地区。天津地区常见于于桥水库及宝坻的水稻田中，其他水体亦有分布，但数量不大。国外印度、菲律宾等地亦有分布记录。

【濒危等级与保护现状】无危。

1.5.1.3　中国旋螺 *Gyraulus chinensis* (Dunker, 1848)（图19；图版Ⅶ：c～e）

异名 *Planorbis chinensis*

【模式标本产地】中国香港的河流

【形态描述】贝壳小型。右旋。壳高约1.3mm，直径约4.5mm。壳质薄，易碎。外形呈圆盘状，螺层3.5～4个，各螺层规则盘旋，匀速增长。螺层背腹两面均膨胀，螺顶在背腹两侧皆凹入。胚壳顶端于背腹两侧皆可见，但在腹侧趋于暴露，在背侧趋于埋没。体螺层周缘具一钝龙骨，龙骨外沿具细小而锋利的刃状凸起，易脱落。壳面光滑，壳皮或淡灰色，生长纹细密而规则。壳口斜椭圆形，外缘薄而锋利，易碎。脐孔大而浅。

动物体灰褐色。触角细长呈丝状，眼位于触角基部内侧。足较狭长，前端钝，后端稍尖。外套膜具分散的边缘模糊的黑色斑块，透过贝壳亦可观察到。

雌雄同体，异体受精。卵生。

图 19　中国旋螺 *Gyraulus chinensis* (Dunker, 1848)

【生态与分布】本种栖息于沼泽、湿地、池塘、沟渠及河流等水流较缓的浅水泥底环境中。

国内具体分布状况不详，目前仅报道见于香港和天津。天津地区见于北大港水库、大黄堡湿地等地，国外广布于南亚至东亚，后人为引入欧洲及澳大利亚。

本种在天津地区为首次报道。

【濒危等级与保护现状】无危。

讨论：本种常被当做白旋螺 *Gyraulus albus* (Müller，1774)，此系误定。二者的区别在于：①白旋螺边缘不具龙骨，而本种的边缘具一条锋利的刃状龙骨；②白旋螺壳面有旋肋和生长轨迹交叉形成的网状壳饰，而本种壳面较为光滑，无显著壳饰；③本种的螺壳盘旋极为平整而规则，而白旋螺在规则程度上较本种略欠。

1.5.1.4　凸旋螺 *Gyraulus convexiusculus* (Hutton, 1849)（图 20；图版Ⅷ：a~b）

异名 *Planorbis convexiusculus*

【模式标本产地】 阿富汗坎大哈

【形态描述】 贝壳小型。右旋。壳高约1.5mm，直径4～6mm。壳质薄，但较前种稍厚，较坚固。外形呈圆盘状。螺层3.5～4个，各螺层匀速增长。螺层背腹面均膨胀，螺顶在背腹两侧均凹入。体螺层周缘具一条钝的龙骨，有些个体龙骨不显著。壳面黄褐色、褐色或淡灰色，生长纹细密。壳口略大，斜椭圆形，外缘薄而锋利，易碎。脐孔略大，浅。无厣。

动物体灰褐色。触角细长呈丝状，眼位于触角基部内侧。足较狭长，前端钝，后端稍尖。外套膜具显著的细小色素斑点。

雌雄同体，异体受精，卵生。

【生态与分布】 本种栖息环境与中国旋螺相同。

图 20　凸旋螺 *Gyraulus convexiusculus* (Hutton, 1849)

本种广泛分布于我国华北、华东、华南及西南等地。天津地区见于各大河流、水库、湿地及稻田等环境中，是旋螺属最为常见的种类。国外见于东亚及东南亚地区。

【濒危等级与保护现状】 无危。

1.5.1.5 扁旋螺 *Gyraulus compressus* (Hutton, 1834)（图21；图版Ⅷ：c）

异名 *Planorbis compressus*

【模式标本产地】印度

【形态描述】贝壳小型。右旋。壳高约1.5mm，直径约5.5mm。壳质薄，易碎，外形呈圆盘状。螺层4～4.5个，各螺层匀速增长。螺层背腹面均膨胀，螺顶在背腹两侧皆凹入。体螺层周缘具一条钝的龙骨，有些个体龙骨不显著。壳面黄褐色、褐色或淡灰色，生长纹细密。壳口斜椭圆形，外缘薄而锋利，易碎。脐孔略大，浅。无厣。

【生态与分布】本种栖息环境与前种相同。常附着于水草茎叶、硬质表面及泥底表面爬行，亦可附着在静水水面的下表面进行"仰泳状"的漂浮移动。

本种国内广布，见于华北、华东、华中、华南、西南及台湾等地。天津地区见于各大缓流或静水的自然及人工水体环境。国外见于印度等地。

图 21　扁旋螺 *Gyraulus compressus* (Hutton, 1834)

【濒危等级与保护现状】无危。

讨论：中国旋螺、凸旋螺和扁旋螺3个物种在形态上较为相似，易混淆。现将上述3个物种对比如下：①在螺壳生长过程中，中国旋螺的盘旋极为规则，螺壳始终在同一平面盘旋，凸旋螺盘旋亦较为规则，而扁旋螺的成熟个体盘旋显著不规则，螺壳通常很难保持在同一平面盘旋，从侧面观察很容易发现这一点；②壳口在生长过程中，凸旋螺的壳口扩张速率最大，其形成的体螺层也最为膨大，通常同样直径的3种旋螺中，凸旋螺的螺层属最少，而中国旋螺和扁旋螺的壳口扩张速率均较小，螺层数量也较多；③中国旋螺的龙骨特征较为稳定，具有一条锋利的刀刃状龙骨，凸旋螺的龙骨变异较大，有些个体体螺层外缘形成弱而钝的龙骨，龙骨的脊部不形成刀锋状凸起，有些个体则没有显著的龙骨，而扁旋螺的螺层外缘几乎不形成龙骨。

1.5.2 膀胱螺科 Physidae

1.5.2.1 尖膀胱螺 *Physa acuta* Draparnaud, 1805（图22；图版Ⅷ：d~e）

异名 *Lymnaea heterostropha*

【**模式标本产地**】法国加龙河

【**形态描述**】贝壳小型。左旋。壳质薄，略透明，呈椭圆形或窄长的耳状。壳高约10mm，大者可达15mm。螺层约5个，各层缓慢均匀增长，稍膨胀，偶有不明显的肩部，螺旋部较宽短，壳顶尖。体螺层较膨胀。缝合线略浅或适中。壳面黄褐色，具细密生长纹。壳口较大，呈窄长的耳状，外唇无外翻，成熟个体外唇内侧常有白色增厚的带，带的后部常可见到一圈黄褐色晕，内唇覆于螺轴及体螺层上，脐部被滑层包裹，轴部倾斜。

动物体深灰褐色，触角呈细线状，眼位于触角基部内侧，腹足细长，末端尖。

雌雄同体，异体受精，卵生。

【**生态与分布**】本种广泛栖息于河流、水库、湖泊、小水洼、池塘、沟渠及人工湿地等静水及缓流的环境，也见于一些水族箱中。动物常吸附爬行于缓

图 22　尖膀胱螺 *Physa acuta* Draparnaud, 1805

流水体近岸浅水的泥底、碎石瓦砾及水草的茎叶表面，也可在静水的下表面仰泳移动。

　　起源于欧洲西南部和北美东部地区。国内分布于东北、华北、华南、西南及台湾等地区。天津地区见于海河流域各水体、于桥水库及宝坻的稻田、沟渠等。国外为世界性广布。

【濒危等级与保护现状】无危。

1.5.3　椎实螺科 Lymnaeidae

1.5.3.1　耳萝卜螺 *Radix auricularia* (Linnaeus, 1758)（图23；图版Ⅸ：a~d）

异名 *Helix auricularia*，*Lymnaea auricularia*

【模式标本产地】欧洲的河流

【形态描述】贝壳在该类群中为大型。右旋。壳质略厚，略透明，呈耳状、膨圆。成熟个体壳高常在20～26mm，大者可达30mm以上。幼螺壳质薄而易碎。螺层约4个，螺旋部极短，尖锐。体螺层极其膨大，形成贝壳的绝大部分。缝合线适中。壳面黄褐色，具显著的生长纹，成熟个体多具"锤击状"凹痕。壳口很大，外唇显著向外扩张，呈耳状，外缘薄，呈半圆形，内唇覆于螺轴及体螺层上，在脐部形成滑层，将脐孔遮挡成缝状，轴部略扭转。

图23　耳萝卜螺 *Radix auricularia* (Linnaeus, 1758) (标尺：10mm)

本种在生长过程中形态变化较大。幼螺体螺层不十分膨胀，螺旋部较高，外形多不呈圆阔的耳状，在生长过程中比例逐渐变化。

动物体灰色、灰褐色或浅灰色，具细密的浅色斑点，触角三角形，眼小，位于触角基部内侧。外套膜色浅，透明，具深色不规则斑块。雌雄同体，异体受精，卵生。

【生态与分布】生境类型广，栖息于河流、水库、湖泊、湿地、池塘及小水洼等静水或缓流的环境，据齐钟彦等（1985）报道，某些咸水湖和温泉中亦可见到本种。本种常在近岸浅水的泥底、碎石瓦砾及水草的茎叶部位附着爬行。产卵于水底的硬质表面及水草茎叶部位。卵袋为长15～30mm的无色透明的胶质带状物，每个卵袋常包含30～80枚卵。卵略呈扁球状，直径约1.8mm。幼螺经历2～3周孵化。一年生。因其生境类型较多，存在较多的形态变异。

除台湾地区外，广布于我国各地区。天津地区各河流、水库及湿地环境均可见。国外广布于欧亚大陆、北美及北非等地区。

【濒危等级与保护现状】无危。

1.5.3.2　椭圆萝卜螺 *Radix swinhoei* (H. Adams, 1866)（图24；图版X：a~c）

异名 *Lymnaea swinhoei*，*Lymnaea*（*Radix*）*auricularia swinhoei*

【模式标本产地】台湾高雄

【形态描述】贝壳中等大小。右旋。壳质较薄，透明，易碎，呈椭圆形或窄长的耳状。壳高常在15～22mm。螺层约4个，体螺层短，壳顶尖。体螺层较长，膨胀。缝合线适中。壳面呈淡黄褐色，有的个体壳面呈粉红色，具细密生长纹。壳口大，呈窄长的耳状，外唇中后缘无显著外翻，仅前缘有轻微的扩张。内唇覆于螺轴及体螺层上，在脐部形成滑层，轴部有明显的扭转。

【生态与分布】本种广泛栖息于河流、水库、湖泊、小水洼、池塘、沟渠及人工湿地等静水及缓流的环境。动物常吸附爬行于缓流水体近岸浅水的泥底、碎石瓦砾及水草的茎叶表面，也可在静水的下表面仰泳移动。产卵于水底的硬质表面及水草茎叶部位。卵袋呈无色透明的胶质带状。

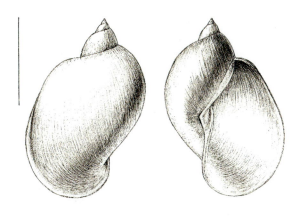

图 24　椭圆萝卜螺 *Radix swinhoei* (H. Adams, 1866)（标尺：10mm）

广泛分布于我国从河北至广西的沿海各地区以及云南、台湾等。天津地区各河流、湖泊、水库及湿地环境均可见。国外分布于日本、中南半岛及印度等地。

【濒危等级与保护现状】无危。

讨论：本种与耳萝卜螺的主要区别在于：①本种体螺层较为狭长，而耳萝卜螺体螺层膨大，壳宽远高于本种；②本种成熟个体壳表通常光滑，极少见到"锤击状"凹痕，而耳萝卜螺成熟个体甚至亚成体常可见到"锤击状"凹痕。但是，二者在幼年时期的个体不易区分。

1.5.3.3　折叠萝卜螺 *Radix plicatula* (Benson, 1842)（图 25；图版 X：d~e）

异名 *Lymnaea plicatula*，*Radix plicatulus*

【模式标本产地】浙江舟山

【形态描述】贝壳在该类群中属于大型。右旋。壳质稍厚，不甚透明，呈椭圆形或耳状。成熟个体壳高可达 25mm，宽约 16mm。螺层约 4.25 个，螺旋部短，壳顶尖。体螺层膨大。缝合线适中。壳面呈黄褐色，具细密生长纹。壳口大，呈耳状，外唇无显著外翻。内唇覆于螺轴及体螺层上，在脐部形成稍厚实的滑层，脐孔深，被遮挡成缝状。轴部略扭转。

【生态与分布】本种栖息于河流、湖泊、沼泽、池塘等水流较缓的沿岸带。

广泛分布于我国东北、西北、华北、华东、华南、东南等地区。天津地区常见于潮白新河。国外俄罗斯有分布记录。

【濒危等级与保护现状】无危。

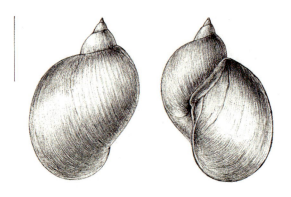

图 25　折叠萝卜螺 *Radix plicatula* (Benson, 1842) (标尺：10mm)

1.5.3.4　萝卜螺未定种 *Radix* sp.（图 26；图版 X：f）

异名 —

【模式标本产地】—

【形态描述】贝壳中等大小。右旋。壳质稍厚，不甚透明。外形呈卵圆形。成熟个体壳高约17mm，宽约13mm。螺层约4个，各螺层增长逐渐加快，螺旋部短，壳顶尖。体螺层稍矮而膨大。缝合线较深，显著。壳面呈淡褐色或角褐色，光滑，生长纹细密或略粗。壳口大，呈长椭圆形。外唇不向外扩张，内唇覆于螺轴及体螺层上，在脐部形成滑层。轴部直，稍倾斜，无显著扭转。脐孔呈缝状。

【生态与分布】本种目前仅知栖息于湿地环境及近周的河道内。

天津地区仅见于大黄堡湿地。国内外分布情况尚不清楚。

【濒危等级与保护现状】数据缺乏。

图 26　萝卜螺未定种 *Radix* sp.

　　讨论：萝卜螺属物种外形极为相似，极易混淆，大多数个体在幼螺阶段极难区分，此处仅对其成体进行区分讨论。现将天津地区发现的4种萝卜螺做简要对比：①耳萝卜螺和折叠萝卜螺体型较大，成体壳高通常超过20mm，甚至有些个体较大的耳萝卜螺壳高可超过30mm，而椭圆萝卜螺和萝卜螺未定种（下文简称"未定种"）壳高一般不超过20mm；②耳萝卜螺和未定种壳质较厚实坚固，折叠萝卜螺次之，椭圆萝卜螺壳质则较为薄而脆弱；③壳口形态上，耳萝卜螺壳口显著宽大且外翻，壳口后缘有显著向后扩张的趋势，未定种壳缘无外翻，但壳口后缘有轻微向后扩张的趋势，折叠萝卜螺和椭圆萝卜螺均无此类性状；④折叠萝卜螺和椭圆萝卜螺内唇滑层与螺轴紧密贴合，形成强烈的扭转，而耳萝卜螺和未定种内唇滑层厚实，不形成显著的扭转；⑤耳萝卜螺的螺旋部较其他3种更加低矮；⑥耳萝卜螺壳面常可见到不规则的"锤击状"凹痕，其他3种无此性状；⑦椭圆萝卜螺和折叠萝卜螺偶见红色变异个体，耳萝卜螺和未定种无此种变异现象；⑧未定种缝合线显著深于其他3个种。

1.5.3.5　小土蜗 *Galba pervia* (Martens, 1867)（图 27）

异名 *Lymnaea pervia*

【模式标本产地】 山东曲阜

【形态描述】 贝壳小型。壳质略薄，略透明，外形卵圆至圆锥形。右旋。

壳高约10mm，大者可达12mm。螺层约5个，均外凸，不倾斜，缓慢匀速增长，阶梯状排列。螺旋部宽圆锥至圆锥形，体螺层膨大。缝合线中等深。壳面呈黄褐色，光滑，有些个体壳面粗糙，具少量"锤击状"凹痕。壳口卵圆形，较萝卜螺属的种类狭小，其高度约占整体壳高的1/2或更大，外唇锋利，不向外翻，内唇贴覆于体螺层上，形成较宽阔的滑层，并将脐孔遮挡成缝状，唇轴宽，竖直或轻微扭转。

【生态与分布】生境类型广，栖息于河流、湖泊的近岸区域以及稻田、沟渠、湿地、池塘及小水洼等静水或缓流的环境。

除台湾地区外，广布于我国各地区。天津地区各河流、湖泊、水库及湿地环境均可见，但不常见，在宝坻区的水稻田中数量较大。国外广布于北亚、南亚、东南亚及马里亚纳群岛等地。

【濒危等级与保护现状】无危。

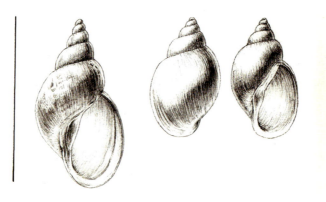

图27　小土蜗 *Galba pervia* (Martens, 1867)（标尺：10mm）

1.6 柄眼目
Stylommatophora

1.6.1 琥珀螺科 Succineidae

1.6.1.1 优雅尖缘螺 *Oxyloma elegans* (Risso, 1826)（图 28；图版 Ⅺ：a~f）

异名 *Succinea elegans*，*S. pfeifferi*，*S. arundinetorum*

【模式标本产地】法国

【形态描述】贝壳小型，在本科中属较大者。左旋。壳质薄，易碎，略透明，略呈狭长的卵圆形。壳高约12mm，壳宽约7.5mm。螺层约3个。体螺层狭长，不甚膨胀。螺塔低矮，顶部增长缓慢，生长过程中螺层增长逐渐加速。缝合线略浅而显著。壳表无特殊的壳饰，仅具细密的生长纹，壳皮黄褐色或角黄色。壳口巨大，呈狭长的卵形，其高度约占全部壳高的2/3，边缘简单、锋利。无脐孔。

动物体浅灰色。足部狭长，厚实，背侧密布皱褶，并具不规则深色斑块。前触角细小，呈凸起状，后触角短棒状。眼位于后触角顶端。雌雄同体。

【生态与分布】本种常生活在河流近岸潮湿的草丛中，多见于芦苇等挺水及湿生植物根茎部位，也见于潮湿的草丛、花卉根部及石块下等。

广泛分布于我国华北、长江流域、西部等地。天津地区见于市内有芦苇等挺水植物的河滨带，此外，在宝坻区的水稻田中也见其踪迹。国外广泛分布于欧洲及西亚等地。

【濒危等级与保护现状】无危。

图28　优雅尖缘螺 *Oxyloma elegans* (Risso, 1826)

双壳纲 Bivalvia

2.1 蚌目
Unionida

2.1.1　蚌科 Unionidae

2.1.1.1　背角无齿蚌 *Sinanodonta woodiana* (Lea, 1834)（图29；图版Ⅻ：a~c）

异名 *Symphnota magnifica*，*S. woodiana*，*Anodon rotundatus*，*A. gibbum*，*Anodonta aurata*，*Anodon gibba*，*Anodonta magnifica*，*Anodon tricostatu*，*Anodonta edulis*，*A. undulifera*，*Anodon nigricans*，*A. securiformis*，*A. fenouilii*，*A. friniana*，*A. fusca*，*A. piscatorum*，*A. striata*，*A. agricolarum*，*A. irregularis*，*A. lineata*，*A. melanochlorea*，*A. subtetragona*，*A. tumida*，*Anodonta woodiana*，*Anodon castanea*，*A. cheniana*，*A. despecta*，*A. indecora*，*A. livida*，*A. minuta*，*A. orbicularis*，*A. puerorum*，*A. scaphydium*，*A. succinea*，*A.confuse*，*A. florida*，*A. rosea*，*A. rubella*，*A. sorini*，*A. filippiana*，*A. intemerata*，*Anodonta intermerata*，*A. scaphidium*，*A. richthofeni*，*A. heudei*，*Anodon chiniana*，*Sinanodonta woodiana fukudai*，*S.*（*Cristariopsis*）*crassitesta*，*Sinanodonta*（*s. s.*）*amurensis*，*S.*（*s. s.*）*likharevi*，*Anodon chemiana*，*Amuranodonta sihotealinica*，*Arsenievinaia alimovi*，*Sinanodonta*（*Cristariopsis*）*primorjensis*，*S.*（*s. s.*）*renzini*，*S.*（*Ellipsanodon*）*manchurica*，*S.*（*E.*）*ovate*，*Amuranodonta sichotealinica*，*Kunashiria japonica boreosakhalinensis*，*Sinanodonta qingyuani*，*S. primorijensis*

【模式标本产地】广州

【形态描述】贝壳大型。壳长通常100mm左右，壳高约60mm，壳宽约50mm，大者壳长可达190mm。壳质稍薄，较易碎。较膨胀，外形略呈稍有角凸的卵圆形。左右壳对称，壳前后端不等称。前缘圆，向背侧微翘，后缘截形，后背角与后腹角显著，背缘近平直或微弧，腹缘弧形，大部分个体腹缘最外凸处位于腹缘靠后的位置。背缘与腹缘成一个锐角的角度。壳顶位于背缘前1/3处，轻微凸出于背缘。壳面绿褐色、黄绿褐色或深褐色，有些个体具数条由壳顶延伸向腹缘及后缘的射线纹，墨绿色或蓝绿色，壳表具细密的生长纹和较粗的生长轨迹。胚壳为尖角状，极细小，成熟个体壳顶腐蚀而胚壳消失。壳内珍珠层发达，淡白色、乳白色或淡黄色，具珍珠光泽。壳顶窝略深。韧带较强壮，长，稍粗壮。肌痕浅，前闭壳肌痕略小于后闭壳肌痕，前后缩足肌痕与闭壳肌痕融合，伸足肌痕位于前闭壳肌痕后下方。铰合部退化，无拟主齿和侧齿。

【生态与分布】本种多栖息于河流、湖泊、池塘、水库、湿地及稻田等水体环境，亦常被引入各类人工景观水体用于建立水生生态群落及改善水体环境。底质为泥底、泥沙底及沙底，淤泥底质中数量较大。

本种为习见种，广布于我国全境（新疆地区为引入种）。天津地区各大型水体均可见。国外见于俄罗斯、朝鲜半岛、中南半岛等地；此外，本种已被广泛引入欧洲、北美洲、中美洲和加勒比地区、日本、印度尼西亚、菲律宾及缅甸等地。

【濒危等级与保护现状】无危。

图29　背角无齿蚌 *Sinanodonta woodiana* (Lea, 1834)

2.1.1.2　椭圆无齿蚌 *Sinanodonta elliptica* (Heude, 1878)（图30；图版XII：d）

异名 *Anodon elliptica*，*Anodonta woodiana elliptica*

【模式标本产地】南京

【形态描述】贝壳大型。壳长约115mm，壳高约75mm，壳宽约45mm。壳质较背角无齿蚌略厚而坚固。较膨胀，外形略呈稍有角凸的卵圆形。左右壳对称，壳前后端不等称。前缘圆，向背侧微翘，后缘截形，后背角与后腹角显著，背缘近平直或微弧，腹缘弧形。背缘与腹缘成一个锐角的角度。壳顶位于背缘前1/4～1/3处，稍凸出于背缘，由壳顶后端向后部至后腹角具2～3

条弱的隆脊。壳面黄褐色或深褐色，壳表生长纹略粗糙。壳内珍珠层发达，淡白色或淡蓝色，具珍珠光泽，内壁表面常具无规则分布的细小的附壳珠。壳顶窝较深。韧带较强壮，长而稍粗。肌痕浅，前闭壳肌痕略小于后闭壳肌痕，前后缩足肌痕与闭壳肌痕融合，伸足肌痕位于前闭壳肌痕后下方。铰合部退化，无拟主齿和侧齿。

图30　椭圆无齿蚌 *Sinanodonta elliptica*
(Heude, 1878)

【生态与分布】本种多栖息于河流、湖泊、水库等水体环境。底质多为泥底及淤泥底。

本种分布于我国东北、华北及华中地区。天津地区见于于桥水库，数量较少。国外在柬埔寨也有分布记录。

【濒危等级与保护现状】无危。

讨论：本种现已被归入中华无齿蚌属 *Sinanodonta* Modell，1945，中文名称沿用"椭圆无齿蚌"，不做修订。

本种与背角无齿蚌 *S. woodiana* 主要区别在于：①本种成熟个体较后者略小；②本种贝壳较后者也更厚实坚固；③本种腹缘最外凸的位置位于腹缘中部，而非腹缘中后部，此特征可与背角无齿蚌相区分。

2.1.1.3　蚶形无齿蚌 *Anemina arcaeformis* (Heude, 1877)（图31；图版ⅩⅢ：a~c）

异名 *Anodon arcaeformis*，*A. rivularis*

【模式标本产地】南京

【形态描述】贝壳在蚌类中为中等。壳长通常约80mm，一般不超过90mm，壳高约45mm，壳宽35mm。壳质薄，易碎。极膨胀，外形呈长卵圆形。左右壳对称，壳前后端略不等。前缘圆，后缘截形，具一显著后腹角，背缘近平直，腹缘弧形，背缘与腹缘稍平行。壳顶位于背缘中央稍靠前的位置，显著凸出于背缘。壳面黄绿色、蓝绿色或黄绿褐色，常具3条后脊线由壳顶延伸向后腹角，墨绿色，生长纹细密。壳内珍珠层发达，淡白色，具珍珠光泽。壳顶窝略深。韧带较强壮，细长。肌痕极浅，前后闭壳肌痕近等，前后缩足肌痕与闭壳肌痕融合，伸足肌痕位于前闭壳肌痕后下方。铰合部退化，无拟主齿和侧齿。

图31　蚌形无齿蚌 *Anemina arcaeformis* (Heude, 1877)

【生态与分布】本种多栖息于河流、湖泊及水库等水体环境，底质为泥底及肥沃的淤泥底。

国内主要分布于东北、华北、华东等地，多见于长江与黄河流域。天津地区多见于海河相通河流及于桥水库等地。国外见于俄罗斯、蒙古国及朝鲜半岛等地。

【濒危等级与保护现状】无危。

讨论：本种原属无齿蚌属 *Anodonta* Lamarck，1799，现归入舟蚌属 *Anemina* Haas，1969。其中文名称"蚌形无齿蚌"已广泛接受，因此不做修订。

2.1.1.4　舟形无齿蚌 *Anemina euscaphys* (Heude, 1879)（图32；图版XIII：d）

异名 *Anodon euscaphys*，*Anodonta euscaphys*，*A. enscaphys*

【模式标本产地】江苏镇江

【**形态描述**】贝壳在蚌类中为中等。壳长约80mm，壳高约45mm，壳宽约38mm。壳质略厚，坚固，膨胀。外形略呈楔形。左右壳对称，壳前后端不等。前缘圆，后缘截形，后腹角强烈，背缘近平直，腹缘弧形，背缘与腹缘稍平行。壳顶位于背缘中央近前方，凸出于背缘。壳面绿色、墨绿色或绿褐色，由壳顶向壳缘发散出若干翠绿色放射线纹，后脊线弱，2～3条，墨绿色，生长纹细密，但常可见粗糙的生长轨迹。壳顶区域具弱的褶皱，成熟个体常腐蚀。壳内珍珠层发达，淡白色至浅黄色，具珍珠光泽。壳顶窝略深。韧带

图32　舟形无齿蚌 *Anemina euscaphys* (Heude, 1879)

较强壮，细长。肌痕极浅，前闭壳肌痕略小于后闭壳肌痕，前后缩足肌痕与闭壳肌痕融合，伸足肌痕位于前闭壳肌痕后下方。铰合部退化，无拟主齿和侧齿。

【**生态与分布**】本种多栖息于河流、湖泊及水库等水体环境，底质为泥底及肥沃的淤泥底。

国内主要分布于东北、华北及华东等地，多见于长江、钱塘江、淮河及海河流域。天津地区主要见于北运河。国外分布于俄罗斯远东及朝鲜半岛南部。

【**濒危等级与保护现状**】数据缺乏。

讨论：本种原属无齿蚌属*Anodonta* Lamarck，1799，现归入舟蚌属*Anemina* Haas，1969。其中文名称"舟形无齿蚌"已广泛接受，因此不做修订。

2.1.1.5　河无齿蚌 *Anemina fluminea* (Heude, 1877)（图33；图版ⅩⅢ：e）

异名 *Anodon fluminea*，*A. torrentis*，*Anodonta fluminea*

【**模式标本产地**】安徽淮河

【**形态描述**】贝壳在蚌类中为中等。壳长约70mm，壳高约45mm，壳宽约30mm。壳质较厚，坚固。膨胀，外形略呈斜卵形。左右壳对称，壳前后端不等。前缘圆，后缘截形，具显著的后背角与后腹角，背缘近平直，腹缘弧形。壳顶位于背缘中央或稍靠前的位置，显著凸出于背缘。壳面绿褐色或暗黄绿褐色，常具3条后脊线由壳顶延伸向后腹角，有些个体后脊线不显著，生长纹细密，具略粗糙的生长轨迹。壳内珍珠层发达，淡白色至淡粉色，具珍珠光泽。壳顶窝略深。韧带较强壮，细长。肌痕极浅，前后闭壳肌痕近等，前后缩足肌痕与闭壳肌痕融合，伸足肌痕位于前闭壳肌痕后下方。铰合部退化，无拟主齿和侧齿。

图33　河无齿蚌 *Anemina fluminea* (Heude, 1877)

【**生态与分布**】本种多栖息于河流、湖泊及水库等水体环境，底质为泥底及肥沃的淤泥底。

国内分布于华北、华东等地，见于长江、淮河及海河流域。天津地区主要见于北运河及海河等河流中。国外尚未见有分布记录，疑为我国特有种。

【**濒危等级与保护现状**】无危。

讨论：本种原属无齿蚌属 *Anodonta* Lamarck，1799，现归入舟蚌属 *Anemina* Haas，1969。其中文名称"河无齿蚌"已广泛接受，因此不做修订。

蚶形无齿蚌、舟形无齿蚌和河无齿蚌3个物种形态极为接近，易混淆，现将上述3个物种做简要对比：①蚶形无齿蚌壳质薄脆，另外2种壳质均显著厚于前者；②蚶形无齿蚌壳面生长纹细密，通常不可见粗糙的轨迹，而另外2种壳面生长纹较之更为粗糙；③蚶形无齿蚌较另外2种更为膨胀；④蚶形无齿蚌和舟形无齿蚌壳长约为壳高的2倍，而河无齿蚌壳长显著小于壳高的2倍。

2.1.1.6 褶纹冠蚌 *Cristaria plicata* (Leach, 1814)（图34；图版ⅩⅣ：a）

异名 *Cristaria tuberculata*，*C. herculea*，*Dipsas plicatus*，*D. occidentalis*，*Mytilus plicatus*，*Appius plicatus*，*Margarita*（*Pipsas*）*plicatus*，*Unio plicatus*，*U. bialata*，*Barbala plicata*，*B. barlata*，*Anodonta plicata*，*A. dipsas*，*Anodonta magnifica*，*A. spatiosa*，*A. bellua*，*A. exotica*，*Dianisotis chinensis*，*Craspedodonta smaragdina*，*Anodon gigantean*，*Margaron onowensis*，*Symphynota magnifica*，*S. bialata*

【模式标本产地】 不详

【形态描述】 贝壳大型。壳长约250mm，壳高约150mm，壳宽约70mm，大者壳长可达390mm，高220mm，宽130mm。壳质略厚，坚固。侧扁，稍膨胀，外形近三角形。左右壳对称，壳前后端不等称。前缘短圆形，低矮，有些个体前缘背侧向上延伸形成小角凸，后部长而高，后背缘向上伸展，形成大的帆状凸起，大个体的帆状凸易折损，

图34 褶纹冠蚌 *Cristaria plicata* (Leach, 1814)

幼年个体的通常相对完整。壳顶低，前倾，位于背缘前约1/5处。壳面黄绿色至黑褐色，部分幼年个体壳表具由壳顶延伸向壳缘的放射状绿色色带。壳面总体较光滑，壳顶区域具弱的W形皱褶，常腐蚀，自壳顶向后缘具若干平行排列的波褶。生长纹略粗。壳内珍珠层发达，白色、淡橙色或淡蓝色，具珍珠光泽。韧带发达，粗壮，位于背缘帆状凸起的基部，两侧被帆状凸起覆盖而不可见。前闭壳肌痕与缩足肌痕融合，大而浅，顶端略凹陷，后闭壳肌痕与前者几乎等大，极浅，后缩足肌痕位于后闭壳肌痕上方，与之相连。伸足肌痕位于前闭壳肌痕后下方，稍小，浅。外套痕显著。壳顶窝较浅。铰合部不甚发达，无拟主齿，左右壳各1条粗壮的侧齿，呈带状。

【生态与分布】本种栖息于江河、湖泊、水库及池塘等各类淡水环境中。底质为泥底或泥沙底，以淤泥底水域中的数量为最大。滤食性，以浮游生物及植物碎屑等为食。

本种广泛分布于我国东北、华北、华东、华南、华中、东南沿海等地。天津地区见于海河及于桥水库等大型水体中，于桥水库中多为增殖放流个体，是否有自然分布尚不清楚。国外分布于俄罗斯与蒙古国，日本与中南半岛等地亦有分布。

【濒危等级与保护现状】无危。

2.1.1.7 圆顶珠蚌 *Nodularia douglasiae* (Gray, 1833)（图35；图版 XIII：b~c）

异名 *Unio douglasiae*，*U. murchisonianus*，*U. osbeckii*，*U. shanghaiensis*，*U. wrightii*，*U. dactylinus*，*Nodularia douglasiae crassidens*，*Unio pictorum* var. *longirostris*，*U. p.* var. *amurensis*，*U. douglasiae middendorffi*，*U. abbreviates*，*U. schrencki*，*Scabies elongate*

【模式标本产地】不详（未指定）

【形态描述】贝壳中等大小。壳长约55mm，壳高约25mm，壳宽约18mm。壳质较厚，坚固。外形呈长椭圆形，壳长大于壳高的2倍。左右壳对称，贝壳前后缘不等称。前端短圆，后端伸长呈楔形，末端稍窄扁。背缘微弯，腹缘微弯、近平直或轻微内凹，背缘与腹缘近平行。后背角不显著，后腹角钝。壳顶宽大而稍低矮，略高于背缘，位于贝壳前端仅1/4～1/3处。壳皮多为深褐色或黑褐色，幼贝多呈绿色、灰绿色或黄褐色，具疏密不一的同心生长纹。壳顶区域常具W形或断续的折线形刻纹，不同产地的圆顶珠蚌壳顶刻纹区域或有变化。成熟个体壳顶常腐蚀。贝壳内侧珍珠层发达，呈银白色、淡黄色或略带橙色，具珍珠光泽。壳顶窝较浅。外套痕显著。前闭壳肌痕与缩足肌痕融合，深，呈半圆形或肾形，后闭壳肌痕略大而浅，为不规则的圆形，后缩足肌痕浅，位于后闭壳肌痕前上方，毗连。伸足肌痕略浅，位于前闭壳肌痕的后下方。铰合部发达，左壳具2枚拟主齿和2枚侧齿，浅拟主齿短片状，

图35　圆顶珠蚌 *Nodularia douglasiae* (Gray, 1833)

向前延伸，与背前缘近平行，后拟主齿三角形，隆起，位于壳顶正下方，侧齿带状。右壳具2枚拟主齿和1枚侧齿，前拟主齿极弱小，呈带状，紧贴附于壳顶前方的背缘，后拟主齿呈强壮的片状，高凸，顶部呈细刻状，与前拟主齿平行排列，侧齿带状，平直。

【生态与分布】本种栖息于江河、湖泊、水库等各类淡水环境中。底质多为泥底。

本种广泛分布于我国华北、华东、华南、华中、东南沿海、西南地区以及台湾等地。天津地区见于海河水系、北大港湿地及于桥水库等地。国外分布于俄罗斯、朝鲜半岛、日本及中南半岛等地。

【濒危等级与保护现状】无危。

2.2 贻贝目
Mytiloida

2.2.1 贻贝科 Mytilidae

2.2.1.1 沼蛤 *Limnoperna fortunei* (Dunker, 1857) （图36）

异名 *Volsella fortunei*，*Modiola lacustris*，*Limnoperna lacustris*，*Mytilus martensi*，*Limnoperna coreana*，*Modiola cambodjensis*，*Dreissena siamensis*

【模式标本产地】日本

【形态描述】贝壳小型。壳长通常8～30mm。壳质略薄，外形侧面观近似延长的三角形，膨胀。左右壳对称，前后不等称。前缘极短，圆形或近截形，后缘宽大，弧形或略呈截形。背缘较平直或轻微弧形外凸，腹缘微凹，足丝孔不显著。壳顶前倾，位于背缘最前端。由壳顶向后腹角有一条圆钝而强壮的龙骨。壳面色深，龙骨至背侧呈暗紫褐色，龙骨下方区域呈黄褐色或绿褐色，年幼个体色略浅。壳表较光滑，具细密的生长纹。壳内侧珍珠层不甚发达，龙骨至背侧区域呈淡紫色至深紫色，龙骨下方呈淡蓝色或蓝白色，具一定的珍珠光泽。韧带发达，细长，几乎占据背缘全部。壳顶窝稍深。前闭壳肌痕微小，位于腹缘前部；后闭壳肌痕与后足丝收缩肌痕显著，在背缘至后缘区域排列。铰合部无齿。无隔板。

图36 沼蛤 *Limnoperna fortunei* (Dunker, 1857)

动物体色淡，稍透明。外套膜缘厚，光滑无触手。水管略突，短管状，入水管呈褶状，鳃隔膜较大，游离缘光滑无触手。两闭壳肌不等，前闭壳肌小，长形，位于前腹缘；后闭壳肌大，呈椭圆形，位于体后端。前足丝收缩肌小，位于壳顶下方内侧；后足丝收缩肌分成不连接的两部分，后部与闭壳肌相邻。足较细，呈蠕虫状，足丝腺发达。足丝发达，呈深褐色线状。

【生态与分布】本种栖息于江河、湖泊、水库等各类淡水环境中。底质多为砾石、卵石及人工堤岸等，常以足丝附着于水中坚硬的表面。雌雄同体或异体。适应能力强，暴露于空气中仍可存活数日，亦可适应咸淡水环境。

本种广泛分布于我国华北、华东、华南、华中、西南地区以及台湾等地。天津地区见于海河及其相通的主要河流、于桥水库及三河岛等地。国外分布于朝鲜半岛及中南半岛等地，亦引种至日本、澳大利亚及巴西等地。

【濒危等级与保护现状】无危。

2.2.1.2　凸壳肌蛤 *Arcuatula senhousia* (Benson in Cantor, 1842)（图37；图版XV：a）

异名 *Modiula senhousia*，*M. aquarius*，*Musculus senhousia*

【模式标本产地】浙江

【形态描述】贝壳小型。壳长通常约25mm，高约11mm，宽约8mm。壳质薄脆，外形较延长，膨胀。左右壳对称，前后不等称。前缘短，圆形；后缘宽大，弧形或略呈截形。背缘较平直，腹缘中部轻微内陷，足丝孔靠前，不显著。壳顶凸出，前倾，位于背缘前端。由壳顶向后腹角有一条圆钝的弱龙骨。壳面前后区具放射纹，中部光滑，无放射纹。壳色为翠绿色或绿褐色，中后区至背部具红褐色波状花纹。壳内侧珍珠层不甚发达，透过珍珠层可见外部的花纹。韧带发达，细长，几乎占据背缘全部。壳顶窝稍深。前闭壳肌痕微小，位于腹缘前部；后闭壳肌痕与后足丝收缩肌痕显著，在背缘至后缘区域排列。铰合部窄，沿铰合部有1列锯齿状细小缺刻。无隔板。

【**生态与分布**】本种属于海洋性种类，栖息于潮间带泥滩或泥沙滩至潮下带浅水区，常以足丝成群固着在泥沙中，形成大片群体覆盖在滩面上。亦可适应半咸水环境，在部分河流的下游河道内可见大量附着于芦苇腐叶茎秆上的个体。

本种广泛分布于我国渤海、黄海、东海及南海。天津地区近岸潮间带至浅海习见，在独流减河下游亦可见到本种。国外分布于太平洋东西两岸。

【**濒危等级与保护现状**】无危。

图37　凸壳肌蛤 *Arcuatula senhousia* (Benson in Cantor, 1842)

2.3 帘蛤目
Veneroida

2.3.1 蚬科 Cyrenidae

2.3.1.1 河蚬 *Corbicula fluminea* (Müller, 1774)（图 38；图版 XV：b）

异名 *Tellina fluminea*，*T. fluviatilis*，*Cyclas chinensis*，*Cyrena cor*，*C. fuscata*，*C. orientalis*，*Corbicula grandis*，*C. triangularis*，*C. primeana*，*C. chemnitziana*，*C. pexata*，*C. pfeifferiana*，*C. andersoniana*，*C. yunnanensis*，*C. inflata*，*C. ovata*，*C. feliciani*，*C. crebricostis*，*C. adunca*，*C. aquilina*，*C. astronomica*，*C. aurea*，*C. bezuariana*，*C. bicolor*，*C. bilineata*，*C. cheniana*，*C. colombeliana*，*C. concinna*，*C. conica*，*C. cordieriana*，*C. delavayana*，*C. diminuta*，*C. ferruginea*，*C. fluitans*，*C. foukiensis*，*C. gentiliana*，*C. gravis*，*C. grilloana*，*C. gryphaea*，*C. ignobilis*，*C. ingloriosa*，*C. indigotina*，*C. iodina*，*C. iridina*，*C. lapicida*，*C. leleciana*，*C. montana*，*C. obrtuncata*，*C. polychromatica*，*C. porcellanea*，*C. portentosa*，*C. praeterita*，*C. rathousiana*，*C. scholastica*，*C. sphaerica*，*C. squalida*，*C. subquadrata*，*C. uncinulata*，*C. variegata*，*C. vicina*，*C. fulgida*，*C. sandai*，*C. suifuensis* var. *finitima*

【模式标本产地】中国

【形态描述】贝壳中等大小，成体一般壳长约40mm，壳高约27mm，壳宽约20mm。壳质厚而坚硬。两壳膨胀，外形略呈三角形或扇形。左右壳对称，贝壳前后近等，前部稍短于后部。前部短圆，后部稍呈角度，腹缘弧形或近半圆形。壳顶膨胀，凸出，稍前倾，位于贝壳前部约2/5处，常腐蚀。壳面黄褐色、黄绿色、黑褐色或近黑色，具光泽，壳皮颜色与栖息环境及年龄有关，壳表具粗的同心肋状生长纹。壳内侧淡紫色或深紫色，具瓷光，有些个体壳内呈白色而仅在侧齿部分具紫色的晕，亦有少数个体壳内呈深紫色而铰合部呈白色。珍珠层不可见。壳顶窝较深。外韧带强壮，短粗，黄褐色，位于壳顶后部。前后闭壳肌痕近等，肾形。外套痕显著。铰合部发达。

左壳具3枚主齿及前后各1枚侧齿，前、中主齿呈"八"字形排列，后主齿细长，侧齿带状。右壳具3枚主齿及前后各2枚侧齿，中主齿大，前主齿小，后主齿细长，侧齿带状，平行排列。左右壳侧齿上缘均具栉齿状缺刻。

【生态与分布】本种栖息于江河、湖泊、池塘及咸淡水交汇的河口区域，底质多为泥底、泥沙底及沙底等。雌雄异体，偶见雌雄同体的个体。

国内广泛分布于除新疆、西藏以外的各个省份。天津地区曾大量分布于海河、于桥水库等水体，现今可见其沉积层中分布大量空壳，但活体不常见。国外广泛分布于亚洲东北部至东南部的大部地区，同时也引入欧洲及南、北美洲的部分水体，并在当地形成稳定的种群。

【濒危等级与保护现状】无危。

图38　河蚬 *Corbicula fluminea* (Müller, 1774)

2.3.2　帘蛤科 Veneridae

2.3.2.1　菲律宾蛤仔 *Ruditapes philippinarum* (A. Adams *et* Reeve, 1850)（图39）

异名　*Venus philippinarum*，*Tapes denticulate*，*T. japonica*，*Venerupis*（*Ruditapes*）*philippinarum*

【模式标本产地】菲律宾棉兰老岛

【形态描述】贝壳中等大小，成体一般壳长约50mm，壳高约30mm，壳宽约22mm。壳质厚而坚硬。两壳较膨胀，外形呈卵圆形。左右壳对称，贝壳前后近等，前部短于后部。前部小，短圆，后部较膨大，背腹缘均为弧形。壳顶钝，凸出，前倾，位于贝壳前部约1/3处。壳面常具深褐色峰状花纹，变化极大，由壳顶向壳缘发散90～107条细密的放射肋，与同心生长纹相交呈布目状。壳内侧白色或淡黄色，偶见淡粉色，具瓷光。壳顶窝稍浅。外韧带发达，带状，黄褐色，位于壳顶后部。前后闭壳肌痕近等，前肌痕肾形，后肌痕近圆形。外套痕显著，外套窦较深，不达到壳中央。铰合部发达。左壳具3枚主齿，中主齿分叉。右壳具3枚主齿。两壳均无侧齿。

图39　菲律宾蛤仔 *Ruditapes philipp-inarum* (A. Adams *et* Reeve, 1850)

【生态与分布】本种为海洋性种类，栖息于潮间带至浅海以及咸淡水交汇的河口区域，底质多为泥底、泥沙底及沙底等。

全国沿海均有分布。天津近海泥质、细沙质潮间带及浅海习见，在独流减河下游亦可见到本种。国外广泛分布于印度-西太平洋的暖水区，在北太平洋鄂霍次克海及加拿大也有分布。

【濒危等级与保护现状】无危。

2.3.3　棱蛤科 Trapezidae

2.3.3.1　纹斑棱蛤 *Neotrapezium liratum* (Reeve, 1843)（图40）

异名 *Cypricardia lirata*，*Trapezium japonicum*，*T. japonicum delicatum*，*T. liratum*，*T. nipponicum*，*T. ventricosum*

【模式标本产地】不详（未指定）

【形态描述】贝壳中等大小，成体一般壳长约40mm，壳高约20mm，壳宽约12mm。壳质厚而坚固。两壳较扁平，外形略呈长方形。左右壳对称，贝壳前后极不等，前部短于后部。壳顶钝，略凸出，前倾，位于贝壳前部约1/5处。小月面心脏形，楯面批针状。壳面污白色，粗糙，具鳞片状同心生长肋，常磨损，有些个体由壳顶向后缘发散淡紫色的放射纹。壳内侧白色，具瓷光，铰合部及壳后部内侧常具紫色的斑带。壳顶窝稍浅。外韧带细，带状，位于壳顶后部，长度约占背侧长度的1/3。前后闭壳肌痕近等，前肌痕梨形，后肌痕马蹄形。外套痕显著，无外套窦。铰合部较发达。左壳具2枚主齿，前主齿小，后主齿较大。右壳具2

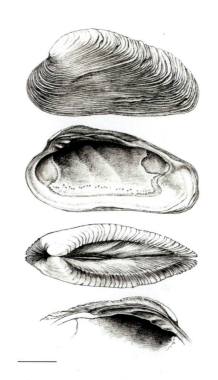

图40　纹斑棱蛤 *Neotrapezium liratum* (Reeve, 1843) (标尺：10mm)

枚主齿，前主齿大，顶部分叉，后主齿较弱。两壳均具1枚侧齿，位于后背缘中部，呈延长的凸起状。

【生态与分布】本种为海洋性种类，栖息于潮间带中、下区至浅海以及咸淡水交汇的河口区域。营附着生活，有穴居习性，常以足丝附着在礁岩区石缝中以及牡蛎礁缝隙中。

全国沿海均有分布。天津近海礁岩质潮间带及浅海常见，在独流减河下游亦可见到本种。国外广泛分布于印度-西太平洋的暖水区，在俄罗斯远东海域亦有分布。

【濒危等级与保护现状】无危。

讨论：本种现归入新棱蛤属*Neotrapezium*，但中文名"纹斑棱蛤"已被广为接受，因此不做修订。

2.3.4　灯塔蛤科 Pharidae

2.3.4.1　中国淡水蛏 *Novaculina chinensis* (Liu *et* Zhang, 1979)（图41）

异名 —

【模式标本产地】江苏太湖及高邮湖

【形态描述】贝壳较小型。成体壳长约40mm，壳高约15mm，壳宽约9mm。壳质薄脆。较侧扁，外形呈长椭圆形。左右壳对称，壳前端短于后端。背腹缘略平直，前后缘均呈弧形外凸。两壳闭合时，前后端均具开口。壳顶位于背缘前部约1/3处，稍凸出于背缘。壳皮黄褐色或橄榄色，壳表生长纹细密，具涟漪状同心肋，同心肋在成熟个体的壳缘区域逐渐消失。壳内淡白色，无珍珠层。壳顶窝较浅。韧带小。壳内各肌痕浅，外套窦宽大，显著。铰合部细小但高度特化，无侧齿结构。左壳主齿4枚，前后2主齿简单，中间2主齿基部愈合，端部分开呈叉状，与前后主齿形成2个空隙。右壳主齿2枚，闭合时嵌入左壳主齿的2个空隙内。

图41　中国淡水蛏 *Novaculina chinensis* (Liu *et* Zhang, 1979) (示铰合部)

动物体肉色。足呈扁圆柱状，底部截形。外套膜薄，边缘渐厚，左右外套膜边缘在腹侧愈合。水管长，进水管与出水管外壁愈合，仅在端部分开，进出水口呈8形，进水管末端具柔毛状触手3圈，出水管末端具触手2圈。

【生态与分布】本种主要栖息于河流及湖泊等淡水环境，底质为泥底或细沙底。主要以硅藻为食。雌雄异体，繁殖期为每年3月下旬至4月，每年繁殖一次。

国内目前见于江苏高邮湖、太湖、滆湖、昆承湖、洪泽湖及长江和淮河江段，湖南洞庭湖，山东微山湖，上海淀山湖及黄浦江江段，江西鄱阳湖，浙江湖州、嘉善、德清，福建闽侯县陶江江段，以及广东深圳河。天津地区见于南运河的静海区河段。为我国特有种。

本种在天津地区为首次记录。

【濒危等级与保护现状】为我国国家二级重点保护水生野生动物。

2.4 球蚬目
Sphaerioida

2.4.1 球蚬科 Sphaeriidae

2.4.1.1 湖球蚬 *Sphaerium lacustre* (Müller, 1774)（图42；图版ⅩⅤ：c~d）

异名 *Tellina lacustris*，*Cardium lacustre*，*Cyclas lacustris*，*C. calyculata*，*C. creplini*，*Sphaerium consobrinum*，*Musculium lacustre*

【模式标本产地】欧洲

【形态描述】贝壳小型。壳长不超过15mm，壳高约10mm，壳宽约5mm。壳质薄，易碎，略透明。膨胀，外形呈卵圆形或扁球形。左右壳对称，壳前后端近等。背缘、前缘、腹缘及后缘均为弧形外凸。壳顶位于背缘中央稍靠前的位置。胚壳光滑，显著凸出于壳顶。本种的胚壳在该类群中几乎最为凸出。壳面黄褐色或浅灰褐色，壳表光滑，生长纹极为细密。壳内淡白色，无珍珠层。壳顶窝略深。韧带小。壳内各肌痕极浅，不易辨识。铰合部细弱。左壳主齿2枚，前主齿（位于下部）结节状，后主齿为两个相连的片状物，前后各具1枚带状的侧齿。右壳主齿1枚，由两个相连的凸起组成，前后各具2枚带状的侧齿。

图42　湖球蚬 *Sphaerium lacustre* (Müller, 1774)（标尺：5mm）

【生态与分布】本种多栖息于沼泽、河流、湖泊及水库等的浅水环境，底质为泥底及肥沃的淤泥底。动物体雌雄异体。卵在雌性外鳃叶中受精发育。单个雌体可怀4～5个幼体。幼贝成熟后，从雌体出水孔排出体外，沉落在水底营底栖生活。

国内广布于中部及北方大部地区。天津地区多见于于桥水库及宝坻的水田中。国外广泛分布于欧亚大陆的古北界。

【**濒危等级与保护现状**】无危。

2.5 海螂目
Myida

2.5.1 篮蛤科 Corbulidae

2.5.1.1 黑龙江河篮蛤 *Potamocorbula amurensis* (Schrenck, 1861)（图 43）

异名 *Aloidis amurensis*，*Corbula amplexa*，*C. amurensis*，*C. freqens*，*C. pustulosa*，*C. sematensis*，*C. vladivostokensis*，*Potamocorbula amurensis takatuayamaensis*，*P. ustulata*

【模式标本产地】鞑靼海峡起哈切娃湾（Chikhacheva Bay）

【形态描述】贝壳较小，壳长约25mm，壳高约16mm，壳宽约11mm。壳质厚而坚固。两壳稍膨胀，外形略呈长卵形或近菱形。左右壳不对称，左壳小于右壳，合并时，左壳边缘被右壳包裹。贝壳前后近等。左壳壳顶小，右壳壳顶凸出，位于贝壳背侧中部。壳面乳白色，具细密生长纹，右壳除生长纹外，尚具细密的放射纹。壳皮黄褐色，在壳缘处颜色较深。壳内侧乳白色，具瓷光。壳顶窝稍浅。韧带细弱。前后闭壳肌痕近等，前肌痕肾形，后肌痕卵圆形。外套痕显著，外套窦浅。铰合部发达，具内韧带。左壳具1发达着带板。右壳具1枚发达的圆锥状主齿。

图43　黑龙江河篮蛤 *Potamocorbula amurensis* (Schrenck, 1861)

【生态与分布】本种主要栖息于咸淡水交汇的河口区域，在浅海潮间带滩涂也可见。

国内分布于各大河口区域。天津多见于塘沽东疆湾至驴驹河河口与近周潮间带泥质及泥沙质滩涂，在独流减河下游河道亦可见到本种。国外见于俄罗斯，日本以及朝鲜半岛。此外，在北美加利福尼亚旧金山湾有人为引入的种群。

【濒危等级与保护现状】无危。

附录

天津地区历史
分布淡水蚌类

背瘤丽蚌
Lamprotula leai (Gray in Griffith *et* Pidgeon, 1833)（图 44）

天津内陆水域贝类
Mollusks of Inland Waters in Tianjin

异名 *Unio leai*，*U. leaii*，*U. leeai*，*U. nodulosus*，*Margarita*（*Unio*）*leaii*，*Quadrula*（*Lamprotula*）*leai*，*Lamprotula leaii*

分类 Bivalvia, Palaeoheterodonta, Unionida, Unionoidea, Unionidae

【模式标本产地】中国

【形态描述】中到大型蚌类。壳长约80mm，偶见大者可达190mm。壳质厚，坚固。外形呈长椭圆形或近平行四边形。左右壳对称，贝壳前后极不等称。前端短圆，后端延长而扁平，后腹角宽大。背缘直，腹缘弧形，后缘常具波褶。壳顶小而前倾，略高于背缘，靠近贝壳前端。壳皮多为黄褐色或绿褐色，幼贝多呈黄绿褐色。壳面生长纹细密，以壳顶向后腹角为轴心向腹侧衍生出数量不等的瘤凸，同时向后侧衍生出弱的皱褶。壳顶区域具W形刻纹，成熟个体壳顶常腐蚀。贝壳内侧珍珠层发达，呈银白色，具珍珠光泽。壳顶窝较深。肌

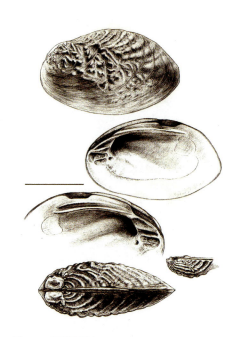

图44 背瘤丽蚌 *Lamprotula leai* (Gray in Griffith *et* Pidgeon, 1833) (标尺：50mm)

痕显著。铰合部发达，左壳具2枚拟主齿和2枚侧齿，前拟主齿小，后拟主齿极大，侧齿带状，较短，平行排列。右壳具1枚拟主齿和1枚侧齿，前拟主齿高凸，呈片状，侧齿低矮，齿峰具细致的锯齿。

【生态与分布】本种栖息于江河、湖泊等水质清澈的泥沙底环境。

本种广泛分布于我国华北、华东、华中、华南及台湾等地。天津地区可见到该种的亚化石分布。国外见于越南及朝鲜半岛。

【濒危等级与保护现状】为我国国家二级保护动物。

短褶矛蚌
Lanceolaria grayii (Griffith *et* Pidgeon, 1833)（图 45）

异名 *Lanceolaria grayana*，*L. glayanus*，*L. glayana*，*Unio grayii*，*U. grayanus*，*U. grayensis*，*Nodularia grayana*

分类 Bivalvia, Palaeoheterodonta, Unionida, Unionoidea, Unionidae

【模式标本产地】中国

【形态描述】中型蚌类。壳长约90mm，偶见大者可达130mm。壳质厚，坚固。外形呈长矛形。左右壳对称，贝壳前后极不等称。前端短圆，后端延长呈楔形，末端尖。背腹缘直，平行。壳顶小而前倾，略高于背缘，位于贝壳前端约1/10处。壳皮多为绿色、黄褐色或绿褐色，幼贝多呈绿色。同心生长纹细密，壳面常具纵向排列的横褶。壳顶区域具W形刻纹，成熟个体壳顶常腐蚀。贝壳内侧珍珠层发达，呈银白色，具珍珠光泽。壳顶窝较浅。肌痕显著。铰合部发达，左壳具2枚拟主齿和2枚侧齿，前拟主齿强壮，后拟主齿较弱，侧齿带状，平行排列。右壳具2枚

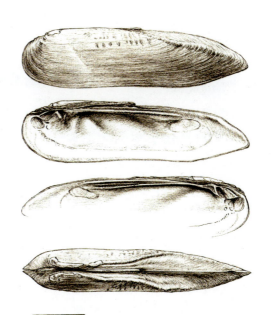

图45　短褶矛蚌 *Lanceolaria grayii* (Griffith *et* Pidgeon, 1833) (标尺：20mm)

拟主齿和1枚侧齿，前拟主齿弱小，片状，后拟主齿强壮，侧齿带状，平直。

【生态与分布】本种栖息于江河、湖泊、水库等各类淡水环境中。底质多为泥底或泥沙底。

本种广泛分布于我国华北、华东、华中及华南等地。天津地区仅在潮白新河等地的沉积层中见到亚化石分布。国外见于中南半岛等地。

【濒危等级与保护现状】无危。

扭蚌
Lanceolaria lanceolata (Lea, 1856)（图46）

异名 *Triquetra lanceolata*，*T. contorta*，*Unio contortus* var. *muticus*，*U. contortus* var. *conjungens*，*Arconaia lanceolate*，*A. mntica*，*A. huaihensis*

分类 Bivalvia，Palaeohe-terodonta，Unionida，Unionoi-dea，Unionidae

【模式标本产地】中国

【形态描述】中到大型蚌类。壳长约120mm，大者可达160mm。壳质厚，坚固。外形呈长矛形。左右壳不对称，贝壳前后极不等称。前端短而尖，呈芒状，后端宽，延长并向左侧或右侧发生扭转。背腹缘直，平行。壳顶小，低矮，靠近贝壳前端。壳皮多为黄褐色或深褐色，幼贝多呈黄绿色或浅黄褐色。壳面常具细碎横褶或颗粒状凸起，靠近壳缘处较光滑而无壳饰。壳顶常

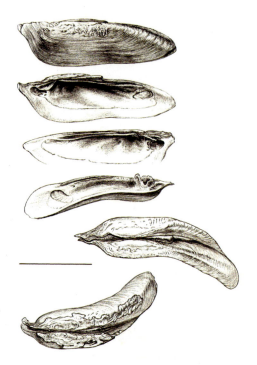

图46 扭蚌 *Lanceolaria lanceolata* (Lea, 1856)（标尺：50mm）

腐蚀。贝壳内侧珍珠层发达，呈银白色，具珍珠光泽。壳顶窝较浅。肌痕显著。铰合部发达，左壳具2枚拟主齿和2枚侧齿。右壳具2枚拟主齿和1枚侧齿。

【生态与分布】本种栖息于河流、湖泊等环境中，以流水环境中数量为多。底质多为泥底或泥沙底。

本种为我国特有种，广泛分布于我国华北、华东、华中、华南及台湾等地。天津地区多地可见到其亚化石分布。

讨论：本种原属扭蚌属*Arconaia*，现已归入矛蚌属*Lanceolaria*。中文名"扭蚌"已被广为接受，因此不做修订。

【濒危等级与保护现状】无危。

圆头楔蚌
Cuneopsis heudei (Heude, 1874)（图47）

异名 *Unio heudei*，*U. corderii*，*U. szechenyii*，*U. czechenyii*，*Lymnium corderi*

分类 Bivalvia, Palaeoheterodonta, Unionida, Unionoidea, Unionidae

【模式标本产地】中国

【形态描述】中型蚌类。壳长约70mm，大者可达110mm。壳质厚，坚固。稍膨胀，外形呈楔形。左右壳对称，贝壳前后极不等称。前端短而膨圆，后端延长而渐窄，呈楔形，末端尖。背缘略平直，腹缘弧形。壳顶小而前倾，略高于背缘，靠近前端。壳皮多为绿褐色或深褐色。同心生长纹细密，壳面光

图47　圆头楔蚌*Cuneopsis heudei* (Heude, 1874) (标尺：20mm)

滑。壳顶区域具W形刻纹，成熟个体壳顶常腐蚀。贝壳内侧珍珠层发达，呈银白色，具珍珠光泽。壳顶窝稍深而压扁。肌痕显著。铰合部发达，左壳具2枚拟主齿和2枚侧齿，前拟主齿弱于后拟主齿，二齿在顶部相连，侧齿带状，细长，平行排列。右壳具1枚拟主齿和1枚侧齿，拟主齿极强壮，侧齿带状，平直。

【生态与分布】本种栖息于江河、湖泊等环境中，以水流较快的泥底产量为多。

本种为我国特有种，分布于我国华北、华东、华中及台湾等地。天津地区多地可见到亚化石分布。

【濒危等级与保护现状】无危。

巨首伪楔蚌
Pseudocuneopsis capitata (Heude, 1874)（图 48）

异名 *Unio capitatus, Cuneopsis capitatus, C. capitata, Pseudocuneopsis capitatus*

分类 Bivalvia, Palaeoheterodonta, Unionida, Unionoidea, Unionidae

【模式标本产地】东流和庐江（今安徽省东至县东流镇和安徽省庐江县）

【形态描述】大型蚌类。壳长约80mm，大者可达140mm左右。壳质极厚，坚固。外形呈楔形或近匙形。左右壳对称；贝壳前后极不等称，前端极度膨大，后端延长而渐窄，末端尖。背缘略平直，腹缘通常轻微向内凹陷。壳顶小而前倾，略高于背缘，靠近前端。壳皮多为黑绿色或深褐色。同心生长纹细密，壳面具略粗壮的生长轨迹。壳顶区域后部偶见倾斜的排线形刻纹，成熟个体壳顶常腐蚀。贝壳内侧珍珠层发达，呈银白色，具珍珠光泽。壳顶窝略深。肌痕显著。铰合部发达，左壳具2枚拟主齿和2枚侧齿，前拟主齿弱于后拟主齿，二齿在顶部相连，侧齿带状，细长，平行排列。右壳具1枚拟主齿和1枚侧齿，拟主齿极强壮，侧齿带状，平直。

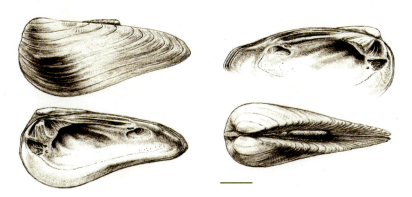

图48　巨首伪楔蚌 *Pseudocuneopsis capitata* (Heude, 1874) (标尺：20mm)

【生态与分布】本种栖息于江河、湖泊等环境中，以水流较快的泥底数量为多。

　　本种为我国特有种，分布于我国华中及华东等地，在华北地区有历史分布。天津地区在武清等地可见到亚化石分布。

【濒危等级与保护现状】低危。

射线裂脊蚌

Schistodesmus lampreyanus (Baird *et* Adams, 1867)（图49）

异名 *Unio lampreyanus*，*U.*（*Dysnomia*）*lampreyanus*，*Margaron*（*Unio*）*lampreyanus*

分类 Bivalvia，Palaeoheterodonta，Unionida，Unionoidea，Unionidae

【模式标本产地】上海

【形态描述】小型蚌类。壳长通常约40mm。壳质厚，坚固。外形略呈三角形。左右壳对称，贝壳前后稍不等称。前端短圆，后端稍延长。背缘向下倾斜，腹缘弧形。壳顶凸出，位于背缘中部靠前。壳皮多为黄绿色或深褐色，幼贝多呈鲜艳的黄绿色，由壳顶向壳缘发散若干条深绿色射线。同心生长纹细密，同时具粗壮的生长轨迹。壳顶区皱褶不显著，成熟个体壳顶常腐蚀。贝壳内侧珍珠层发达，呈银白色，具珍珠光泽。壳顶窝较浅。肌痕显著。铰合部发达，左壳具2枚拟主齿和2枚侧齿，前拟主齿较后拟主齿稍弱，侧齿带状，较短。右壳具1枚拟主齿和1枚侧齿。

【生态与分布】本种栖息于江河、湖泊、水库等各类淡水环境中。底质多为泥底或泥沙底。

本种广泛分布于我国华北、华东、华中及华南等地。天津地区仅在潮白新河等地的沉积层中见到亚化石分布。

【濒危等级与保护现状】无危。

图49　射线裂脊蚌 *Schistodesmus lampreyanus* (Baird *et* Adams, 1867) (标尺：10mm)

绢丝尖丽蚌

Aculamprotula fibrosa (Heude, 1877) （图50）

异名 *Unio fibrosus*，*U. spurius*，*Quadrula fibrosa*，*Lamprotula fibrosa*，*L. spurious*

分类 Bivalvia, Palaeoheterodonta, Unionida, Unionoidea, Unionidae

【模式标本产地】中国

【形态描述】中到大型蚌类。壳长约70mm，偶见大者可达150mm左右。壳质极厚，坚固。膨胀，外形呈长卵形。左右壳稍不对称，贝壳前后极不等称。前端极短，弧形，后端膨圆。背缘稍平直，腹缘弧形。壳顶突出，位于贝壳最前端，超过贝壳前缘。壳皮多为绿褐色或深褐色。壳面具显著的生长轨迹及数量不等的瘤凸。壳顶区域具两排小棘刺，成熟个体壳顶常腐蚀。贝壳内侧珍珠层发达，呈银白色，具珍珠光泽。壳顶窝深。肌痕显著。铰合部极发达。左壳具2枚拟主齿和2枚侧齿，前拟主齿弱，带状，后拟主齿强壮，位于前拟主齿上方，侧齿带状，平行排列。右壳具1枚拟主齿和1枚侧齿，拟主齿发达，高凸，侧齿带状，平直。

【生态与分布】本种栖息于湖泊及与之相通的江河中。底质多为泥底或泥沙底。

本种为我国特有种，分布于我国华东与华中地区。天津在宝坻区的大黄堡和潮白新河可见到该种亚化石分布。

【濒危等级与保护现状】为我国二级保护动物。

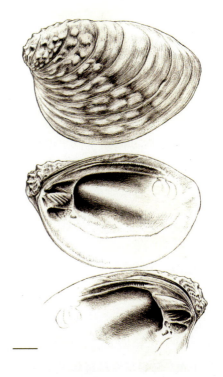

图50　绢丝尖丽蚌 *Aculamprotula fibrosa* (Heude, 1877)（标尺：10mm）

失衡尖丽蚌
Aculamprotula tortuosa (Lea, 1865)（图51）

异名 *Unio tortuosus*，*U. contortus*，*U. retortus*，*U.*（*Lampsilis*）*subtortus*，*Lamprotula tortuosa*，

分类 Bivalvia，Palaeoheterodonta，Unionida，Unionoidea，

Unionidae

天津内陆水域贝类
Mollusks of Inland Waters in Tianjin

【模式标本产地】中国

【形态描述】中型蚌类。壳长约70mm。壳质极厚，坚固。膨胀，外形呈长卵形或心脏形。左右壳不对称，贝壳前后极不等称。前端极短，弧形，后端膨圆。背缘稍平直，腹缘弧形。壳顶突出而扭转，位于贝壳最前端，超过贝壳前缘。壳皮多为深绿褐色。壳面具细密的同心生长纹，壳后部背侧具栉状排列的弱脊或稀疏的弱瘤凸。壳顶区域具两排小棘刺，成熟个体壳顶常腐蚀。贝壳内侧珍珠层发达，呈银白色，具珍珠光泽。壳顶窝深。肌痕显著。铰合部极发达。左壳具2枚拟主齿和2枚侧齿，前拟主齿弱，后拟主齿强壮，位于前拟主齿上方，侧齿带状，平行排列。右壳具1枚拟主齿和1枚侧齿，拟主齿发达，高凸，侧齿带状，平直。

【生态与分布】本种多栖息于泥底或泥沙底的大中型湖泊及与之相通的河道内。

本种为我国特有种，分布于我国华东、华中及东南地区，在长江中下游地区多见。天津地区偶见该种亚化石分布。

【濒危等级与保护现状】易危。

图51　失衡尖丽蚌 *Aculamprotula tortuosa* (Lea, 1865)（标尺：10mm）

参 考 文 献

陈德牛，高家祥，1983. 北京地区陆生贝类初步调查. 四川动物，2 (4)：14-21.

陈德牛，高家祥，1983. 中国琥珀螺属 *Succinea* 的研究. 四川动物，4 (1)：34-37.

陈文德，2011. 台湾淡水贝类. 屏东：海洋生物博物馆：1-321.

陈寅山，许友勤，饶小珍，等，1998. 福建省闽侯县陶江中国淡水蛏栖息环境和生物学研究. 动物学杂志，33 (6)：1-3.

丁建华，周立志，邓道贵，等，2013. 淮河干流软体动物群落结构及其与环境因子的关系. 水生生物学报，37 (2)：367-375.

郭亮，2022. 河蚌. 福州：海峡书局：1-256.

胡自强，2005. 中国淡水双壳类特有种的地理分布. 动物学杂志，40 (6)：80-83.

黄家锐，但小琴，文衍红，等，2021. 中国圆田螺与中华圆田螺形态比较研究. 中国农学通报，37 (5)：117-123.

黄晓晨，2014. 中国蛏蚌属的父系与母系线粒体基因组全序列及淡水蚌类系统发育基因组学研究. 南昌：南昌大学：1-64.

江剑平，陈寅山，许友勤，等，1998. 福建陶江中国淡水蛏 *Novaculina chinensis* 生殖周期的研究. 福建师范大学学报（自然科学版），14 (3)：86-91.

江苏省涠湖渔业管理办公室，2023. 涠湖再现国家二级保护动物中国淡水蛏. 科学养鱼 (6)：86.

刘月英，张文珍，1979. 我国江苏省淡水蛏类一新种——中国淡水蛏. 动物分类学报，4 (4)：356-358.

刘月英，张文珍，王跃先，等，1979. 中国经济动物志 淡水软体动物. 北京：科学出版社：1-134.

宁鹏飞，2014. 中国糙蚌属整理及云南淡水贝类两点问题的探讨. 昆明：西南林业大学：1-51.

齐钟彦，马绣同，刘月英，等，1985. 中国动物图谱 软体动物. 北京：科学出版社：

1-115.

饶小珍，陈寅山，许友勤，1998. 中国淡水蛏的形态学研究. 福建师范大学学报（自然科学版），14 (4)：71-75.

舒凤月，朱庆超，张念伟，等，2013. 微山湖发现中国淡水蛏. 动物学杂志，48 (2)：278-280.

王苏民，窦鸿身，1998. 中国湖泊志. 北京：科学出版社：314-315.

王祯瑞，1997. 中国动物志 无脊椎动物 第十二卷 双壳纲 贻贝目. 北京：科学出版社：1-268.

魏开建，2004. 中国蚌科的遗传多样性与系统发育的研究. 武汉：华中农业大学：1-172.

吴小平，梁彦龄，王洪铸，等，2000，长江中下游湖泊淡水贝类的分布及物种多样性. 湖泊科学，12 (2)：111-118.

吴小平，欧阳珊，梁彦龄，等，2000. 三种环棱螺贝壳形态及齿舌的比较研究. 南昌大学学报：理科版 (1)：1-5.

徐凤山，张素萍，2008. 中国海产双壳类图志. 北京：科学出版社：1-336.

徐亮，甘武，谢广龙，等，2013. 我国楯螺科一新记录——平边笠贝 (*Ferrissia parallelus* Haldeman, 1841). 生命科学研究，17 (1)：57-58.

徐霞锋，2007. 长江中游部分地区肋蜷科 (Pleuroceridae) 分类及形态学研究. 南昌：南昌大学：1-79.

张素萍，张均龙，陈志云，等，2016. 黄渤海软体动物图志. 北京：科学出版社：1-421.

张卫红，钱周兴，周卫川，等，2011. 陆生软体动物的分类系统. 四川动物，30 (6)：991-997.

张玺，齐钟彦，楼子康，等，1964. 中国动物图谱 软体动物 第一册. 北京：科学出版社.

中国科学院南京地质古生物研究所《中国的瓣鳃类化石》编写小组，1976. 中国各门类化石 中国的瓣鳃类化石. 北京：科学出版社：1-150.

庄启谦，2001. 中国动物志 无脊椎动物 第二十四卷 双壳纲 帘蛤科. 北京：科学出版社：1-278.

Adams A, 1861. On some new genera and species of Mollusca from the north of China and Japan. Annals and Magazine of Natural History, 8 (3)：299-309.

Aksenova O V, Bolotov I N, Gofarov M Y, et al., 2018, Species Richness, Molecular Taxonomy and Biogeography of the Radicine Pond Snails (Gastropoda: Lymnaeidae) in the Old World. Scientific Reports (8): 1-18.

Aksenova O V, Vinarski M V, Bolotov I N, et al., 2016. An Overview of *Radix* Species of the Kamchatka Peninsula (Gastropoda: Lymnaeidae). The Bulletin of the Russian Far East Malacological Society, 20 (2): 5-27.

Brandt R A M, 1974. The non-marine Mollusca of Thailand. Archiv für Molluskenkunde: 1-423.

Brown D S, Van Eeden J A, 1969. The Molluscan Genus *Gyraulus* (Gastropoda: Planorbidae) in Southern Africa. Zoological Journal of the Linnean Society, 48: 305-331.

Du L N, Chen J, Yu G H, et al., 2019. Systematic relationships of Chinese freshwater semisulcospirids (Gastropoda, Cerithioidea) revealed by mitochondrial sequences. Zoological Research, 40 (6): 541-551.

Dunker W, 1848. Diagnoses specierum novarum generis *Planorbis* collectionis Cumingianae. Proceedings of the Zoological Society of London, 16: 40-43.

Fukuda H, Ekawa K, 1997. Description and anatomy of a new species of the Elachisinidae (Caenogastropoda: Rissooidea) from Japan. The Yuriyagai, 5 (1): 70-80.

Glöer P, 2019. The Freshwater Gastropods of the West-Palaearctis Volume I Fresh- and brackish waters except spring and subterranean snails. Germany: 399.

Glöer P, Vinarski M V, 2009. Taxonomical Notes on Euro-Siberian Freshwater Molluscs: 2. Redescription of *Planorbis* (*Gyraulus*) *stroemi* Westerlund, 1881 (Mollusca: Gastropoda: Planorbidae). Journal of Conchology, 39 (6): 717-725.

Graf D L, Cummings K S, 2007, Review of the systematics and global diversity of freshwater mussel species (Bivalvia: Unionoida). Journal of Molluscan Studies, 73: 291-314.

Gredler V M, 1884. Zur Conchylien-Fauna von China. VI. Stück. Archiv für Naturgeschichte. 50 (2): 257-280.

参考文献

Haas F, 1969. Superfamilia Unionacea. Berlin: Das Tierreich: 1-663.

He J, Zhuang Z M, 2013. The Freshwater Bivalves of China. Germany, ConchBooks: 1-197.

Küster H C, Dunker W, 1886. Die Familie der Limnaeiden enthaltend die Genera Planorbis, Limnaeus, Physa und Amphipeplea. Systematisches Conchylien- Cabinet I, 17: 1-55.

Lydeard C, Cummings K S, 2019. Freshwater Mollucss of the World *A Distribution Atlas*. Baltimore Maryland: Johns Hopkins University Press: 1-242.

Mouthon J, 2004. Life cycle of *Musculium lacustre* (Bivalvia: Sphaeriidae) in the Sanôe river at Lyon (France): a curious life strategy. Annales de Limnologie – International Journal of Limnology, 40 (4): 279-284.

Odabaşi D A, Glöer P, Yildirim M Z, 2015. The Valvata Species of Turkey with a Description of Valvata kebapcii n. sp. (Mollusca: Valvatidae). Ecologica Montenegrina, 2 (2): 135-142.

Okutani T, 2000, Marine Mollusks in Japan. Tokyo: Tokai University Press: 1173.

Paraense W L, Pointier J P, 2003. Physa acuta Draparnaud, 1805 (Gastropoda: Physidae): a Study of Topotypic Specimens. Mem Inst Oswaldo Cruz, 98 (4): 513-517.

Pfeiffer J M III,. Graf D L, 2013. Re-analysis confirms the polyphyly of Lamprotula Simpson, 1900 (Bivalvia: Unionidae). Journal of Molluscan Studies, 79: 249-256.

Pilsbry H A, Hirase Y, 1904. Descriptions of new Japanese land shells. The Nautilus, 18 (1): 3-9.

Qi L, Kong L F, Qi L, 2020. Redescription of Stenothyra glabra A. Adam, 1861 (Truncatelloidea, Stenothyridae), with the first complete mitochondrial genome in the family Stenothyridae. Zookeys, 991: 69-83.

Schrenck L I, 1862. Vorläufige Diagnosen einiger neuer Molluskenarten aus der Meerenge der Tartarei und dem Nord-Japanischen Meere. Bulletin de l' Académie Impériale des Sciences de St. Pétersbourg, 4: 408-413.

Sengupta M E, Kristensen T K, Madsen H, 2009. Molecular phylogenetic investigations of the Viviparidae (Gastropoda: Caenogastropoda) in the lakes of the Rift Valley area of Africa. Molecular Phylogenetics and Evolution, 52 (3): 797-805.

Simpson C T, 1900. Synopsis of the naiades, or pearly fresh-water mussels. Proceedings of the United States National Museum, 22: 501-1075.

Strong E E, Gargominy O, Ponder W F, et al., 2008. Global Diversity of Gastropods (Gastropoda; Mollusca) in Freshwater. Hydrobiologia, 595: 149-166.

Vinarski M V, 2016. Annotated Type Catalogue of Lymnaeid Snails (Mollusca, Gastropoda) in the Collection of the Natural History Museum, Berlin. Zoosystematics and Evolution, 92 (1): 131-152.

Vinarski M V, 2016. On the Reality of Local and Ecological Races in Lymnaeid Snails (Mollusca, Gastropoda, Lymnaeidae). Zoologicheskii Zhurnal, 95 (3): 267-282.

Vinarski M V, Aksenova O V, Bolotov I N, 2020. Taxonomic Assessment of Genetically-delineated Species of Radicine Snails (Mollusca, Gastropoda, Lymnaeidae). Zoosystematics and Evolution, 96 (2): 577-608.

Vinarski M V, Bolotov I N, 2018, Racesina, A New Generic Name for A Group of Asian Lymnaeid Snails (Gastropoda: Hygrophila: Lymnaeidae). Zoosystemarica Rossica, 27 (2): 328-333.

Vinarski M V, Glöer P, Andreyeva S I, et al., 2013. Taxonomic notes on Euro-Siberian molluscs. 5. *Valvata* (*Cincinna*) *ambigua* Westerlund, 1873 – a distinct species of the group of *Valvata piscinalis* O. F. Müller, 1774. Journal of Conchology, 41 (3): 295-303.

Vinarsky M V, Palatov D M, Marinskiy V V, 2017. Checklist of the Freshwater Snails (Mollusca: Gastropoda) of Mongolia. Zootaxa, 4317 (1): 47-78.

Welter-Schultes F W, 2012. European non-marine molluscs, a guide for species identification. Germany, Planet Poster Editions: 1-679.

Wu, X P, Dai Y T, Yin N, et al., 2022. Mitogenomic phylogeny resolves *Cuneopsis*

参
考
文
献

(Bivalvia: Unionidae) as polyphyletic: The description of two new genera and a new species. Zoologica Scripta, 51: 173-184.

Yen T C, 1939. Die chinesischen Land-und Süßwasser-Gastropoden des Natur-Museums Senckenberg. Germany: Abhandlungender Senckenbergischen Naturforschenden. Gesellschaft, 444: 1-16.

Zhang L J, von Rintelen T, 2021. The neglected operculum: a revision of the opercular characters in river snails. Journal of Molluscan Studies, 87: 1-14.

图版

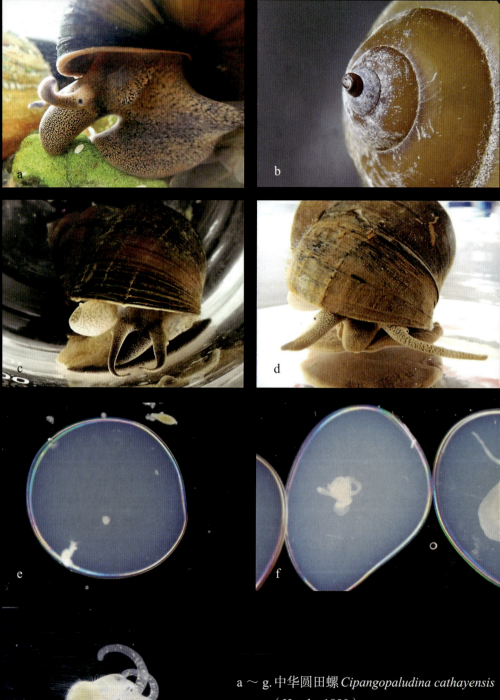

a ~ g. 中华圆田螺 *Cipangopaludina cathayensis*
（Heude, 1890）

a.动物体　b.胚壳　c.雌性个体　d.雄性个体

e.受精卵　f.胚胎　g.卵囊中的幼螺

图版 Ⅱ

a ~ d. 梨形环棱螺 *Sinotaia quadrata purificata*（Heude, 1890）

a. 齿舌　b. 受精卵　c. 胚胎　d. 卵囊中的幼螺

e. 铜锈环棱螺 *Sinotaia quadrata aeruginosa* (Reeve, 1863)

亚化石个体

f ~ g. 方格短沟蜷 *Semisulcospira ningpoensis*（Lea, 1857）

f. 胚壳　g. 具色带的个体

a ～ g.纹沼螺 *Parafossarulus striatulus*（Benson, 1842）

　a.具大量细密螺旋肋的个体　b.光滑无肋的个体　c.厣　d.胚壳

　e.活体　f.卵袋　g.初孵幼螺

a ～ g. 大沼螺 *Parafossarulus eximius*（Frauenfeld, 1864）

　 a, b. 不同形态的个体　c. 胚壳　d. 厣　e. 活体　f. 雄性交接器

　 g. 齿舌（g1. 中央齿　g2. 侧齿　g3. 缘齿）

a1　　　　a2

b

c

d

e1　　　　e2

f

a ~ c.长角涵螺 *Gabbia longicornis*（Benson, 1842）

　a.具肋高螺旋个体　b.胚壳　c.活体

d ~ e.赤豆螺 *Gabbia fuchsiana*（von Moëllendorff, 1888）

　d.胚壳　e.亚化石个体

f.椭豆螺 *Gabbia misella*（Gredler, 1884）胚壳

图版 VI

a ～ b.光滑狭口螺 *Stenothyra glabra* A. Adams, 1861
　　a.海水中的个体　　b.胚壳
c ～ d.琵琶拟沼螺 *Assiminea lutea* A. Adams, 1861
　　c.具色带的个体　　d.胚壳
e.绯拟沼螺 *Assiminea latericea* H. Adams *et* A. Adams, 1863
　　胚壳
f ～ h.锯齿小菜籽螺 *Nozeba ziczac*（Fukuda *et* Ekawa, 1997）
　　f.活体　　g.胚壳　　h.壳面雕刻

图版 Ⅶ

a ～ b. 尖口圆扁螺 *Hippeutis cantori*（Benson, 1850
   a. 灰白色个体 b. 胚壳

c ～ e. 中国旋螺 *Gyraulus chinensis*（Dunker, 1848
   c. 活体 d. 胚壳 e. 龙骨

图版 VIII

a1

a2

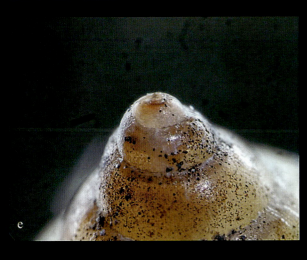

e

b

c

d

a ～ b.凸旋螺 *Gyraulus convexiusculus*（Hutton, 1849）

    a.活体　b.胚壳

c.扁旋螺 *Gyraulus compressus*（Hutton, 1834）胚壳

d ～ e.尖膀胱螺 *Physa acuta* Draparnaud, 1805

    d.活体　e.胚壳

a～d.耳萝卜螺 *Radix auricularia*（Linnaeus, 1758）

　　a.耳萝卜螺的生境　b.活体

　　c.在水面仰泳的个体

　　d.齿舌（d1.总体　d2.中央齿与侧齿

　　d3.缘齿）

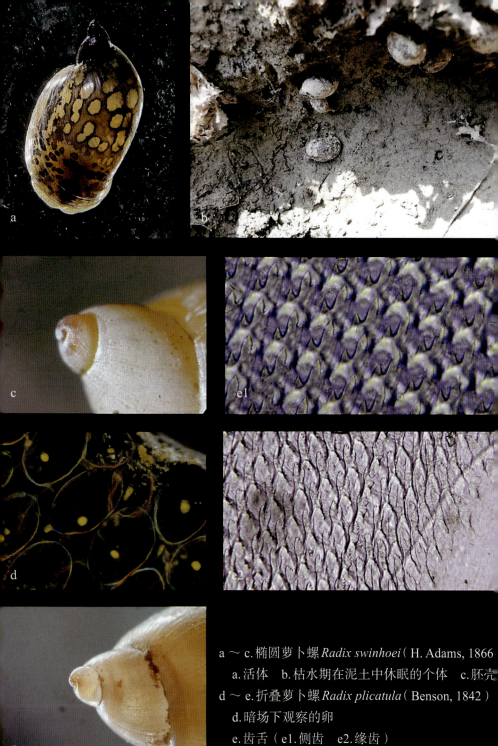

a ～ c.椭圆萝卜螺 *Radix swinhoei* (H. Adams, 1866)

a.活体　b.枯水期在泥土中休眠的个体　c.胚壳

d ～ e.折叠萝卜螺 *Radix plicatula* (Benson, 1842)

d.暗场下观察的卵

e.齿舌（e1.侧齿　e2.缘齿）

f.萝卜螺未定种 *Radix* sp. 胚壳

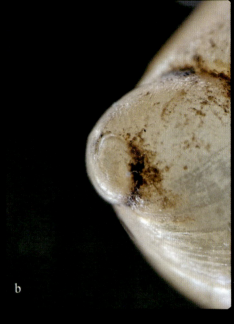

a ~ f. 优雅尖缘螺 *Oxyloma elegans*（Risso, 1826）

a. 活体　b. 胚壳　c. 正在交配的个体

d, e. 生活照　f. 优雅尖缘螺的生境

图版 XII

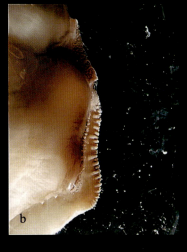

a ～ c. 背角无齿蚌 Sinanodonta woodiana
    （Lea, 1834）
   a. 活体 b. 水管 c. 胚壳
d. 椭圆无齿蚌 Sinanodonta elliptica（Heude,
   1878）左壳内附壳珠

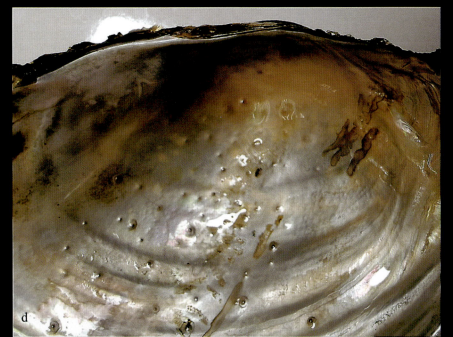

a ～ c.蚶形无齿蚌 *Anemina arcaeformis*
　　（Heude, 1877）
　a.活体　b.红褐色色变个体　c.水管
d.舟形无齿蚌 *Anemina euscaphys*（Heude,
　1879）活体
e.河无齿蚌 *Anemina fluminea*（Heude,
　1877）活体

a1

a2

b

c

a. 褶纹冠蚌 *Cristaria plicata*（Leach, 1814）

b～c. 圆顶珠蚌 *Nodularia douglasiae*（Gray, 1833）示铰合部

　b. 左壳内视　　c. 右壳内视

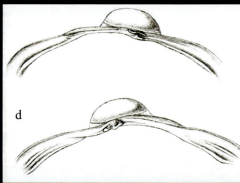

图书在版编目（CIP）数据

天津内陆水域贝类 / 宁鹏飞，谷德贤，丁煌英主编
. —北京：中国农业出版社，2023.11
　ISBN 978-7-109-31267-8

　Ⅰ.①天…　Ⅱ.①宁…②谷…③丁…　Ⅲ.①内陆水
域—贝类—天津—图集　Ⅳ.①Q959.215-64

中国国家版本馆CIP数据核字（2023）第201527号

中国农业出版社出版

地址：北京市朝阳区麦子店街18号楼

邮编：100125

责任编辑：肖　邦　王金环

版式设计：小荷博睿　责任校对：李伊然

印刷：北京中科印刷有限公司

版次：2023年11月第1版

印次：2023年11月北京第1次印刷

发行：新华书店北京发行所

开本：700mm×1000mm　1/16

印张：6.5

字数：105千字

定价：75.00元